马克笔时装画
手绘表现技法

人体 × 面料 × 图案 × 款式

肖维佳（VEGGA小笨）编著

人民邮电出版社

北京

图书在版编目（CIP）数据

马克笔时装画手绘表现技法 ：人体X面料X图案X款式/
肖维佳编著. -- 北京 ：人民邮电出版社，2022.10（2024.3重印）
ISBN 978-7-115-59838-7

Ⅰ．①马… Ⅱ．①肖… Ⅲ．①时装—绘画技法—教材
Ⅳ．①TS941.28

中国版本图书馆CIP数据核字(2022)第149675号

内 容 提 要

本书主要以范例的形式讲解了时装画设计效果图手绘的表现方法和技巧，它对服装设计效果图中的人体比例和动态表现、服装常见面料、服装经典图案、服装常见款式等进行了全面的介绍。读者通过对本书内容的学习，不仅能够掌握时装画手绘的表现方法和技巧，还能够为今后的服装设计之路打下坚实的基础。

本书不仅适合服装设计师、时尚插画师、服装设计爱好者阅读使用，同时也可以作为服装设计培训机构和服装设计院校的教学用书。本书附赠一套时装画手绘学习课程，读者可以扫描封底的二维码获取。

◆ 编　　著　肖维佳（VEGGA 小笨）
　　责任编辑　王　铁
　　责任印制　周昇亮

◆ 人民邮电出版社出版发行　　北京市丰台区成寿寺路 11 号
　　邮编　100164　电子邮件　315@ptpress.com.cn
　　网址　https://www.ptpress.com.cn
　　涿州市般润文化传播有限公司印刷

◆ 开本：787×1092　1/16
　　印张：13.5　　　　　　　　　2022 年 10 月第 1 版
　　字数：346 千字　　　　　　　2024 年 3 月河北第 5 次印刷

定价：99.00 元

读者服务热线：(010)81055296　印装质量热线：(010)81055316
反盗版热线：(010)81055315
广告经营许可证：京东市监广登字 20170147 号

Preface 序言

　　我的第一本服装设计效果图手绘书《时装画手绘表现技法教程》自2016年上市以来，销量一直在同类书中排名靠前，感谢大家多年来对我的支持。本书是我的第二本关于服装设计效果图手绘技法的教学用书。全书以范例的形式进行讲解，以马克笔为主要绘画工具。书中范例用到的所有画材都标明了具体品牌和尺寸，同时也在步骤讲解中标出了范例所使用的马克笔的具体色号。为了方便读者后期自主练习，本书在第一本书的基础上新增了人体比例的绘制步骤并标注了具体的参考数值，同时还新增了部分特殊面料的表现技法，例如科技面料、PVC面料等，是一本值得参考的实用教程。

　　写书是一件非常考验耐力的事，尤其是教程类的手绘书，我的写作感受可以用"痛并快乐着"来形容。在这里和大家分享一些我在写书过程中的感受。以本书为例，写作需要在规定的时间内完成，包括文字和图稿。手绘图稿需要通过扫描仪转换成电子版，然后在计算机软件上进行后期处理，这是一件非常耗时、耗力的事情。虽然写书的过程漫长而辛苦，但是结果令人期待。书写成后，我获得了一种无法用言语表达的充实、喜悦、满足和成就感。

　　这么多年我一直坚持画图，并以画好图作为我的理想。2013年，我刚毕业，就直接从上海来到了爱慕股份有限公司，成了一名内衣设计师。5年的内衣设计师工作经历让我学到很多东西，也了解到要成为一名合格的服装设计师所要付出的辛劳。服装设计师的工作很烦琐，包括市场调研、计算机绘图、面料选择、服装打版、设计转版和转接资料等多个环节，画图只是其中的一部分。我在工作以外的时间仍坚持画图，因为我知道想要画好图就必须努力，所有的事情只有先付出才会有回报。我也是坚持画了多年图才有了现在的一点点成绩，如果你和我一样期待成功，就一定要先付出。书中的内容都是我多年经验的总结，每一张图都是我精心绘制的，初学者可以跟着练习。

　　用一生的时间坚持做一件事很难，在成功的路上我们遇见的最大的敌人往往不是外界的各种诱惑，而是我们自身的惰性。懒惰是人的通病，外界的诱惑只是刚好成为偷懒的借口。我有时也会为自己的懒惰找这样或那样的借口，但终究会意识到逃避永远解决不了问题，只有继续努力才能有所突破。因此，我仍在"做自己喜欢做的事，成为自己想要成为的人"的道路上努力着。

小笨

2022年6月

目 录

第04章

服装常见面料表现技法 75

Maison Margiela
Spring Couture.

第 01 章

选择适合表现服装设计效果图的画材

本章主要介绍本书范例用到的画材。除马克笔以外，本书还用到了很多辅助性画材，读者一定要认真阅读，不要错过任何细节，这样有助于后期的自主练习。

马克笔及其使用

1.1.1 马克笔简介

马克笔分为硬头马克笔和软头马克笔。这两种马克笔斜头的外观和上色方法一致，不同之处在于圆头，一种是硬头，另一种是软头。相较而言，软头马克笔更受欢迎，因为它的笔尖更加灵活。

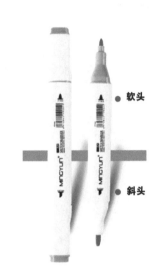

硬头马克笔

斜头宽 6mm 左右，适用于绘制大面积的服装底色和填充画面背景；软头笔尖直径为 1mm 左右，适用于小面积上色，以及刻画暗部和细节。

很多品牌都有硬头马克笔，例如 Touch Mark、法卡勒、COPIC、斯塔等，大家可以根据自己的喜好和实际情况进行选择。

马克笔笔杆两端接近笔盖的位置各有一个小图标，说明该方向的笔头形状，这样不用打开笔盖就可以清晰辨认，节约时间，使用起来也很方便。

硬头马克笔

软头马克笔

斜头同样宽 6mm 左右；圆头笔尖细而软，且有压感，可以通过不同的力度画出不同粗细的线条。软头马克笔圆头的效果类似毛笔，可以弥补硬头马克笔圆头较硬的不足。

本书使用的是法卡勒三代 480 色软头马克笔，它是目前市面上性价比较高、颜色较多的软头马克笔。另外，书中还会用到 COPIC 的浅肤色 R000 和 R01，它们的颜色偏粉，适合画白色皮肤。

软头马克笔

两种马克笔斜头的上色方法基本一致，软头马克笔的使用需要多摸索和尝试，使用不同力度会产生不同的画面效果，大家可以从画一些简单的线条练起。

无论是硬头马克笔还是软头马克笔，画图时最常用的都是斜头这一端。因为这一端的笔头宽、上色快，而且可以通过控制笔头与画面的接触面积展现不同的画面效果。

1.1.2 制作一张专属色卡

马克笔的每个颜色都有对应的色号，它相当于颜色的名字。为了方便查找和记忆，我们可以制作一张属于自己的色卡。之所以强调制作色卡，是因为马克笔在不同纸张上所呈现的颜色不同，电子打印颜色也和实际颜色的差别很大，所以一定要在自己常用的纸张上制作一张色卡。色卡不一定要做得好看，主要是为了方便查看。另外说明一点，本书展示的是法卡勒 480 色色卡，并不是所有的颜色都会用到，只是提供参考。如果不知道具体应该使用哪些颜色制作色卡，可以根据后面章节中给出的具体色号进行选择。

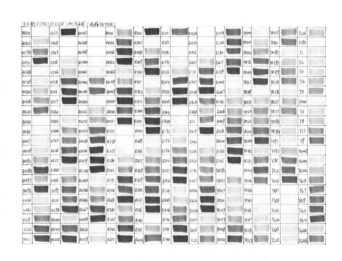

第1步 确认纸张，需要在自己常用的纸张上制作色卡。

第2步 确认马克笔的数量，然后在纸张上进行合理分配。因为马克笔的斜头宽 6mm 左右，所以填充马克笔颜色的格子要高于 6mm；填写色号的格子可以稍微窄一些，格子数量可以根据实际的马克笔数量进行调整。

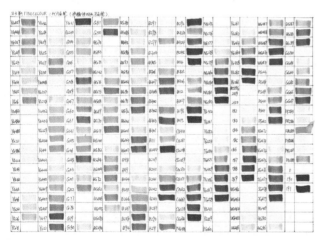

第3步 画格子的过程中如果出现错误，可以直接用涂改液进行遮盖和修改。格子画好后按照顺序填写色号，横向或纵向填写都可以。

第4步 在对应色号的格子中填充马克笔颜色。颜色需一笔填充完成，不要反复描摹，最终完成整张色卡的制作。

> **小贴士** 制作 240 色以内的色卡时，可以画在一张纸上，以方便查看对比。色卡可以按照色号数字做升序排列，例如 R354、R355、R356、R357、R358、R359；也可以按照同一个色系颜色由浅到深的顺序排列，例如 R380、R143、R175、R144、R148。

为了方便后面章节对照，笔者将手绘色卡扫描到计算机中做了一份电子版色卡，并进行了简单的色彩分组，主要分为红色系、黄色系、蓝色系和灰色系 4 组。

红色系： 整体色调偏粉、偏红，过渡自然，从紫色调扩展到红色调。颜色主要包括 BV（蓝紫色）、V（紫色）、RV（红紫色）和 R（红色）。服装设计效果图中大部分的皮肤色都属于这个色系，白色皮肤的常用色号为 R374、R375、R380，偏黑皮肤的常用色号为 RV363、RV209、RV130。另外，黄色皮肤的常用色号为 E413、E414、E172。

BV321	BV317	V123	V125	RV337	RV138	RV131	R378	R142	R368	R215
BV322	BV109	V308	V126	RV338	RV136	RV141	R379	R347	R356	R373
BV194	BV192	V329	V127	RV339	RV139	RV135	R380	R348	R357	R374
BV110	BV195	V206	V335	RV340	RV205	RV152	R143	R349	R358	R375
BV318	BV197	V203	V336	RV341	RV344	RV363	R175	R350	R359	R376
BV319	BV193	V118	V199	RV342	RV345	RV209	R144	R351	R382	R153
BV320	V330	V116	V120	RV204	RV346	RV149	R148	R352	R137	R155
BV108	V331	V117	V198	RV343	RV207	RV150	R381	R353	R146	R405
BV113	V119	V332	RV200	RV216	RV208	RV130	R147	R354	R360	E413
BV315	V122	V333	RV201	RV211	RV128	RV151	R145	R355	R361	E414
BV316	V121	V334	RV202	RV212	RV129	R377	R210	R140	R404	E172

黄色系： 主要由褐色系和黄色系等颜色组成，包括 E（棕色）、YR（橘黄色）和 Y（黄色）等。E 开头的褐色系颜色柔和，主要用来填充头发颜色，常用色有 3 组：偏红一些的 E435、E436、E133、E134，偏绿一些的 E430、E246、E431，偏黄一些的 E407、E408、E409。

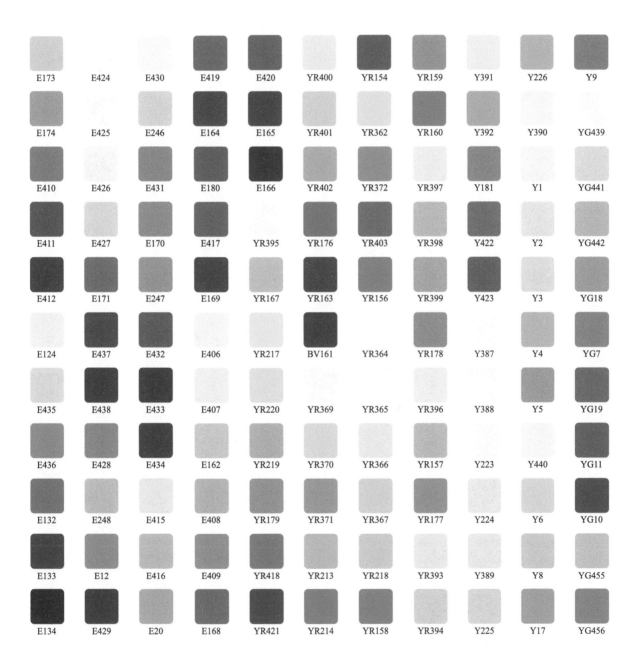

蓝色系：整个色系偏冷，从黄绿色一直渐变到蓝色，依次为 YG（黄绿色）、G（绿色）、BG（蓝绿色）和 B（蓝色）。黄绿色和绿色经常被用来画植物和花卉。

YG457	YG385	YG32	YG229	YG21	G231	G81	BG71	BG295	BG101	B297
YG446	YG221	YG28	YG454	G230	G45	G50	BG100	BG296	BG103	B298
YG447	YG386	YG29	YG44	G54	G46	BG74	BG82	BG95	BG107	B299
YG49	YG222	YG25	YG443	G55	G48	BG83	BG84	BG96	BG98	B304
YG23	YG33	YG27	YG444	G56	G53	BG75	BG104	BG97	B99	B305
YG13	YG34	YG30	YG445	G57	G51	BG232	BG72	BG93	B234	B306
YG14	YG35	YG448	YG449	G58	G52	BG76	BG62	BG233	B235	B307
YG15	YG36	YG227	YG450	G59	G77	BG73	BG106	BG90	B236	B308
YG16	YG24	YG228	YG451	G47	G78	BG68	BG105	BG91	B237	B300
YG383	YG26	YG452	YG37	G60	G79	BG69	BG293	BG92	B238	B302
YG384	YG31	YG453	YG22	G61	G80	BG70	BG294	BG102	B94	B303

灰色系：法卡勒的灰色系分得特别细致，一共有 CG（冷灰色）、NG（中灰色）、TG（炭灰色）、YG（黄绿灰色）、WG（暖灰色）、PG（紫灰色）、SG（银灰色）、BG（蓝绿灰色）和 GG（绿灰色）9 种，其中最常用的是 CG（冷灰色）和 WG（暖灰色）。灰色系的马克笔经常被用来绘制金属饰品、薄纱面料和皮革面料。

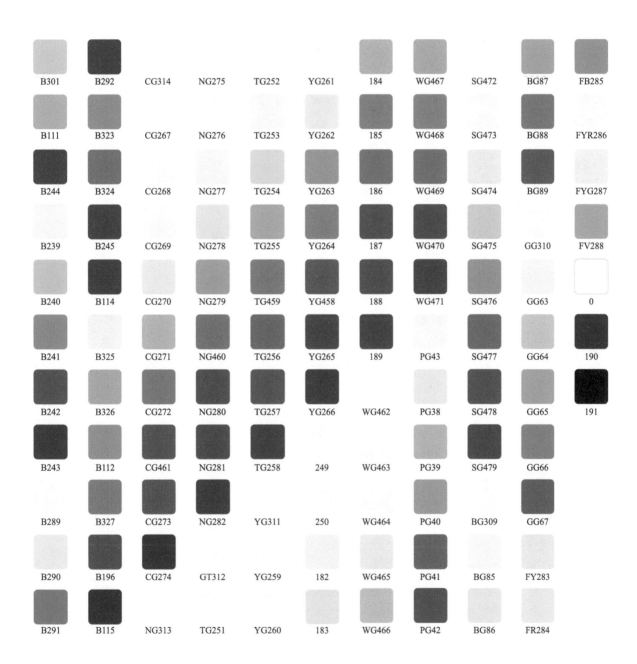

1.1.3 马克笔使用方法详解

本书范例中使用的画笔以软头马克笔为主，这里对马克笔的使用方法进行讲解，具体的上色方法则需要根据画面的实际情况灵活调整。

斜头的使用方法

基础线条练习

一组从最简单的线条开始练习，分别用斜头的宽面、侧面、侧锋画单线，呈现出3种不同宽度的线条。从上到下，线条由粗变细，并在起笔和落笔时停顿。

二组尝试在画的过程中停顿，可以看到停顿的位置颜色明显变深。

三组和四组都是用不同宽度的笔头进行穿插练习，以得到不同的画面效果。

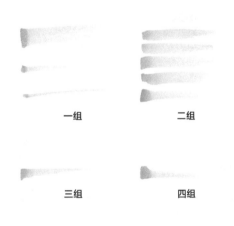

一组　　二组

三组　　四组

笔触练习

一组通过改变力度表现出不同的笔触效果，同样是分别用斜头的宽面、侧面、侧锋绘制。这里起笔时稍微用力，让笔尖与纸张完全贴合，落笔时不用刻意停顿，直接顺过去即可。

二组反复练习宽面的笔触，后期画图会经常用到。

三组下笔时力度主要集中在画笔的上边缘，放松画笔的下边缘，让线条整体往上走。第2根线条的效果最佳，可作为练习参考。

四组和三组刚好相反，下笔时力度主要集中在画笔的下边缘，放松画笔的上边缘。同样是第2根线条的效果最佳，可作为练习参考。

一组　　二组

三组　　四组

平涂色块练习

一组直接用斜头的宽面进行平涂上色，下笔时尽量保证每笔紧挨在一起，中间不用刻意留出空隙。

二组是在原有平涂色块的基础上进行同一种颜色的叠加。叠加位置的颜色变深，叠加时可以穿插不同粗细的线条。

三组是在原有平涂色块的基础上用同一种颜色叠加出条纹效果，如果觉得颜色浅也可以用其他颜色叠加。

四组是用同一种颜色进行交叉格子练习，在原有平涂色块的基础上画横向和竖向的线条。线条粗细可根据需求进行调整。

一组　　二组

三组　　四组

平涂渐变练习

一组先用马克笔均匀地涂一层底色，然后用同一支笔在画面的下半段叠加上色。这样的过渡最自然，图中使用的色号为 E435。

二组的平涂渐变用了两种颜色，在原有 E435 底色的基础上用 E436 加深下半段的颜色。选择颜色时要尽量保证两种颜色的色相一致。

三组选择了一种更深的颜色 E133，与 E435 形成强烈的对比。画面看起来有些跳跃，所以画图时暗部颜色的选择很重要。

四组是在三组的基础上进行了细节调整，为两种原本对比强烈的颜色添加了中间色 E436。E436 比 E435 颜色深，比 E133 颜色浅，可以起到很好的过渡作用。用 3 种颜色表现画面的明暗关系是一个很实用的方法。

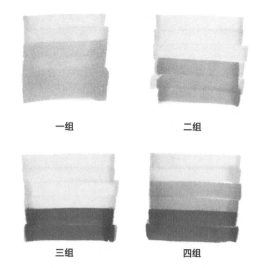

一组　　　　　　　二组

三组　　　　　　　四组

软头的使用方法

软头直线练习

一组是充分利用软头笔尖的特点，通过力度的变化，在纸张上画出不同粗细的线条。力度越小，线条越细。

二组是用同一力度画同等粗细的线条，一定要放松手腕以保证画出流畅的线条。

三组是用软头进行大面积的上色，从左向右进行同一方向的上色，画面左侧的颜色比较深。

四组是用软头填充整个画面，上色时需要注意笔触的方向，保证从两个方向有规律地交替上色，把画面填满。

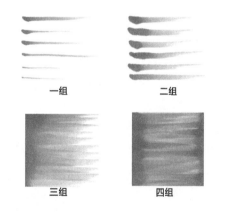

一组　　　　　　　二组

三组　　　　　　　四组

软头曲线练习

一组是尝试用软头画曲线。画曲线时要充分运用软头笔尖的特点进行多方面的尝试，在尝试的过程中找到适合自己的方法。

二组左侧的线条稍微带一些曲线变化，拼接右侧的直线条，从而得到现在的画面效果。

三组是利用软头可控制线条粗细的原理进行穿插练习，以得到想要的画面效果。

四组全部由曲线组成，线条相互穿插排列且线条之间保持一定的距离。

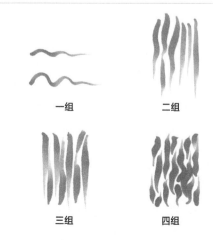

一组　　　　　　　二组

三组　　　　　　　四组

自由组合练习

一组主要由点和线组成。在绘制图案时，不一定要把每一根线条都画得特别完整，可以尝试在部分线条的中间进行停顿或者加点来表示，这样所呈现的画面效果会更加丰富。

二组加大下笔力度，虽然画法和一组相似，但呈现出的画面效果完全不同，可以尝试用这种方法画针织面料。

三组简单画了一个交叉网格，随性画的线条看起来更灵活。

四组充分运用软头的特点，通过长短不一的线条来表现不同大小的花朵。

一组　二组

三组　四组

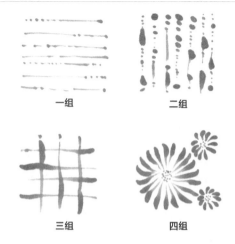

1.2 彩铅笔及其使用

1.2.1 彩铅笔简介

彩铅笔在书中仅仅作为辅助性画材使用，不会用于大面积的上色，因此不需要准备太多。书中范例所用的彩铅笔均为辉柏嘉 60 色水溶红盒彩铅，常用色号为黑色 499、印度红 492、庞贝红 491、玫瑰红 427、大红 421、赭石 478 和熟褐 476。

红色纸盒装辉柏嘉彩铅笔属于入门级彩铅笔，价格低，颜色也比较多，适合初学者使用。如果经常用彩铅笔画图，也可以单支购买。

辉柏嘉彩铅笔分为入门级、大师级和艺术家级，分别对应我们平时所说的"红辉""蓝辉""绿辉"，价格也从低到高。

红色纸盒装辉柏嘉彩铅笔

1.2.2 转笔刀的使用

用彩铅笔画图时，转笔刀是必不可少的，尤其是刻画细节的时候。因为在纸张上画服装设计效果图时人物的头部非常小，只占了画面整体的约 1/9，所以在刻画五官等细节的时候需要借助转笔刀将彩铅笔的笔尖削尖。

小贴士 转笔刀没有品牌要求，用着方便即可。如果经常使用彩铅笔绘画，可以多备几个转笔刀，便于经常更换。

勾线笔及其使用

1.3.1 硬头勾线笔

硬头勾线笔的优点是笔尖无压感，可以快速上手。想要画出工整、好看的线条，需要控制好用笔的力度。画图时如果出现线条断断续续、勾错线等情况，主要是因为练习少、不熟练，多加练习即可改善。

COPIC 勾线笔

书中大部分服装设计效果图中人物皮肤的轮廓都是用 COPIC 0.05mm 棕色勾线笔完成的。COPIC 勾线笔虽然价格偏高，但好用，而且用一支笔可以完成几十张完整的效果图，值得推荐。

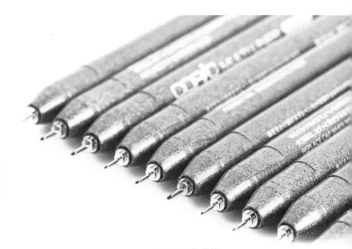

COPIC 勾线笔

> **小贴士** 绘制服装设计效果图时经常用棕色勾皮肤轮廓，其他颜色很少用到。如果想要尝试其他颜色，可以根据自己的喜好选择。

三菱勾线笔

三菱勾线笔

三菱勾线笔有 6 种不同的粗细可供选择，绘制服装设计效果图最常用的是 0.05mm 和 0.2mm 两种。0.05mm 的三菱勾线笔主要用来刻画眼睛的细节，0.2mm 的三菱勾线笔主要用来描画一些服装的轮廓。

> **小贴士** 如果习惯用黑色软头毛笔刻画五官细节，也可以不使用这两种硬头勾线笔。

慕娜美彩色勾线笔

彩色勾线笔的优点在于颜色丰富、选择多，画图时可以根据服装颜色来选择相对应的彩色勾线笔。这样画出来的效果图更接近真实效果，画面柔和、自然。

慕娜美彩色勾线笔

> **小贴士** 除了图片中展示的慕娜美彩色勾线笔以外，还有很多其他好用的彩色勾线笔品牌，例如斯塔和樱花等。

1.3.2 软头勾线笔

金万年小楷笔

金万年小楷笔的笔尖偏细，线条的粗细可以通过控制力度来调整。使用金万年小楷笔时，一般在起笔时用力，中间轻轻带过，落笔时可放松也可加重，视具体情况而定。金万年小楷笔的视觉张力强，主要被用来绘制面料较为厚重的服装轮廓和鞋子的轮廓。

金万年小楷笔

吴竹黑色软头毛笔

吴竹黑色软头毛笔主要分极细、细字、中字、大字和毛笔中字 5 种，都可以用来勾勒服装轮廓，书中常用的型号是毛笔中字。

吴竹黑色软头毛笔

吴竹彩色软头毛笔

这款笔一共有 90 色，和马克笔一样，可套装购买也可单支购买，颜色多但价格偏高。后面章节中有个别范例用到了这款笔。如果没有这款笔，你也可以用其他的黑色勾线笔代替。这款笔的优点是不晕染、不掉色，用马克笔画图时可以先勾线、后上色。

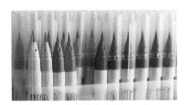

吴竹彩色软头毛笔

白金牌彩色软头毛笔

笔者常用的白金牌彩色软头毛笔是咖啡色的，咖啡色特别适合用来画棕色头发的轮廓。如果觉得吴竹彩色软头毛笔的价格偏高，也可以考虑用这款笔来代替，但缺点是只有 20 色。

白金牌彩色软头毛笔

1.4 高光颜料及其使用

1.4.1 高光液

白色颜料可以作为高光液使用，使用此类瓶装颜料需自己单独配一支小号的水彩笔。白色颜料的优点在于颜料本身的覆盖性强，可以附着在任意颜色的表面，而且配备的水彩笔笔触灵活，画出来的高光线条生动。

吴竹白色颜料

COPIC 白色颜料

> **小贴士** 白色颜料的品牌不做限制，以上两种品牌仅供参考。本书部分范例的高光是用 COPIC 白色颜料完成的，具体使用方法会在后面章节的步骤中讲解。

1.4.2 高光笔

樱花高光笔

樱花高光笔有 0.5mm、0.8mm、1.0mm 之分。最常用的是 0.8mm 的樱花高光笔，通常用来绘制五官和服装的高光，除此之外，还可以用来画细节和装饰。

樱花高光笔

1.4.3 涂改液

三菱涂改液

三菱涂改液是美术专用涂改液，因为出水流畅、覆盖性强，所以一直作为高光笔使用。

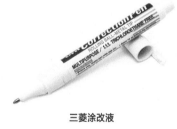

三菱涂改液

1.5 其他画材及其使用

1.5.1 自动铅笔

自动铅笔的品牌有很多，选择时可以多体会它的手感和重量，笔头偏沉的自动铅笔笔握感舒服，比较好用。

> **小贴士** 自动铅笔有 0.3mm、0.5mm 和 0.7mm 之分，笔者习惯用 0.5mm 的自动铅笔画图，画出的线条自然流畅。如果觉得 0.5mm 的自动铅笔画出的线条偏粗，不能刻画细节，可以选择 0.3mm 的自动铅笔。

0.5mm 的自动铅笔

1.5.2 铅芯

推荐使用美术专用铅芯，其上色效果好、可擦性强、不易断铅。绘制服装设计效果图常用的是 2B 铅芯。

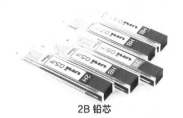

2B 铅芯

1.5.3 橡皮

画图是一个循序渐进的过程，需要反复擦拭和调整。画图时应控制好下笔的力度，以方便后期进行画面调整。如果绘制铅笔稿时下笔轻，可以用可塑橡皮进行擦拭；如果绘制铅笔稿时下笔重，可以用硬质橡皮进行擦拭。

樱花橡皮

1.5.4 画纸

用马克笔绘制服装设计效果图最好选用马克笔专用纸。练习时可以选择纸张厚重、表面光滑、价格实惠的小品牌马克笔专用纸，熟练后可选择康颂或者 COPIC 马克笔专用纸。此类纸张属于半透明的硫酸纸，上色时墨水不易扩散也不易渗透。

COPIC 马克笔专用纸

1.5.5 直尺

最开始绘制服装设计效果图的时候需要准备一把 30cm 长的直尺，便于在纸张上画出合适的人体比例，保证人体高度、头部大小、胸腔尺寸、胯部宽度、膝盖位置等的正确。

第 02 章

服装设计效果图人体
表现与着装练习

要想画好服装设计效果图，需要进行大量的练习，在实践中不断地磨炼。大量的练习可以让你的手腕一直保持灵活的状态，以便在需要的时候快速表达设计意图。

除了大量的练习以外，绘画者还需要掌握服装的表现技巧。技巧可以加深绘画者对服装效果图的了解，以免重复出现一

掌握服装人体比例

2.1.1 正面服装人体比例详解

我们首先要区分正常人体和服装人体之间的关系。服装设计效果图中一般以 1 个头长为基本单位，正常人体的比例是 7.5 个头长（简称"7.5 头"），服装人体的比例常用的是 9 个头长（简称"9 头"）和 9.5 个头长（简称"9.5 头"）。本书主要讲解的是服装人体比例，因此对 9 头和 9.5 头进行了详细的标注和说明。所有图片中出现的具体数字都是以 A4 纸为基础确定的人体比例参考数值，这样做主要是为了方便练习。注意这些数值并不是绝对的。

画图之前需要先对服装人体有一定的了解。为了方便理解，笔者对人体体块进行了简单的划分，主要包括头部、胸部、胯部、大腿、小腿和脚。下面会对正面 9 头服装人体比例进行详解，想要绘制 9.5 头服装人体比例的，可以参考给出的图片进行练习。

注：本章节所出现的所有数据仅作为画图时的参考数据，绘制人体图时出现 0.2cm 左右的偏差属于正常现象。

正面 9 头服装人体比例详解

头部　2.9cm	
胸部	
胯部	
大腿	
小腿	
脚	

重心线

（右图标注）头宽 1.8cm　0.4cm　发际线　眼睛　耳朵　0.83cm　眉毛　嘴唇闭合线　0.83cm　鼻子　下唇线　0.83cm　下巴　肩线 1cm　肩宽 4cm　头部 2.9cm　胸部　胯部　大腿　小腿　脚　重心线

1. 绘制基础辅助线。在 A4 纸上确认头长，图中 1 个头长为 2.9cm，每隔 2.9cm 画横向辅助线；再画一条与横向辅助线垂直且居中的线，这条线既是人体的中心线也是重心线。然后根据正面 9 头服装人体比例将对应的人体部位标注在画面左侧，头部是 1 个头长，胸部是 2 个头长，胯部是 1 个头长，大腿是 2 个头长，小腿和脚是 3 个头长。

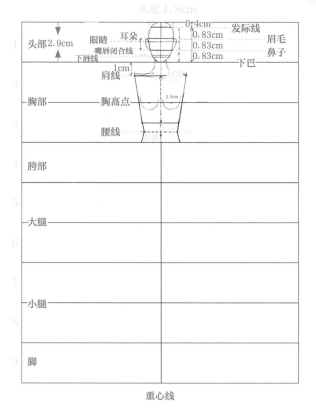

重心线

第 1 条辅助线

发际线

上庭

中线

中庭

嘴唇闭合线
下唇线

下庭

第 2 条辅助线

头部起型简图

2. 绘制头部和颈部。头部的上边缘和下边缘分别在第 1 条和第 2 条辅助线上，然后以重心线为参考，画出头部最左侧和最右侧的竖向辅助线，画出一个矩形。图中头宽 1.8cm，不包括耳朵的宽度。在矩形的基础上画出头部轮廓，然后在第 2 个头长的约 1/3（约 1cm）处画肩线；肩宽 4cm，再画出颈部轮廓。

①先在头部的正中间横向画一条中线。

②确认发际线的高度。图中的发际线距离头部上边缘 0.4cm，仅供参考，读者可以根据实际情况进行调整，但最好不要超过 0.7cm。画图时因为头发本身具有一定的厚度，所以头发的上边缘会向上超出第 1 条辅助线 0.2cm 左右。

③将发际线以下、第 2 条辅助线以上的部分三等分，分别为上庭、中庭和下庭。在头长为 2.9cm 的情况下，每庭的间距约为 0.83cm。

④将下庭二等分，中线也是嘴唇的下唇线，然后以中线为参考在向上 0.12cm 左右的位置找到嘴唇闭合线。

头宽 1.8cm

头部 2.9cm
眼睛
耳朵
嘴唇闭合线
下唇线
1cm
肩线

0.4cm 发际线
0.83cm
0.83cm 眉毛
0.83cm 鼻子
下巴

胸部
胸高点
3.5cm

腰线

胯部

大腿

小腿

脚

重心线

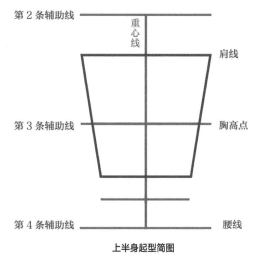

第 2 条辅助线

重心线

肩线

第 3 条辅助线

胸高点

第 4 条辅助线

腰线

上半身起型简图

3. 绘制上半身。上半身主要由胸部和腰部组成，画图时应遵循从上往下的规律，先确定胸腔的高度，再确定腰线的位置。起型时可以先简单勾勒结构，胸腔用倒梯形表示，腰部用一个倒梯形和一个梯形来表示。

①胸腔的下边缘线位于第 3 个头长的中间位置，胸腔高 3.5cm 左右，下边缘宽 2.8cm 左右。

②胸高点位于胸腔的中间位置，刚好在第 3 条辅助线上。围绕胸高点画两个半圆，不用把线条画满，主要画下半部分。

③腰线位于胸腔下边缘和第 4 条辅助线的中间，腰宽为 2.6cm 左右。

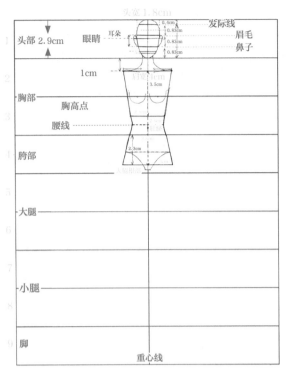

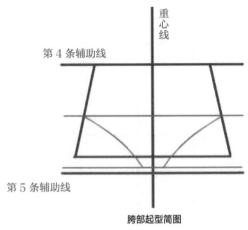

胯部起型简图

4. 绘制胯部。胯部的结构为上窄下宽，可以简单概括成一个梯形。胯部的纵向高度小于 1 个头长，约为 2.3cm。图中裆底部到第 5 条辅助线有 0.2cm 的距离，这样做主要是为了拉长腿部的比例，让模特看起来更高。这里直接将裆底部与第 5 条辅助线重合也是可以的，其他结构比例保持不变。

①胯部上边缘与第 4 条辅助线重合，下边缘距离第 5 条辅助线有 0.6cm 的距离，整个胯部高 2.3cm 左右。
②胯部上边缘的宽度和胸腔下边缘的宽度相同，都是 2.8cm 左右；胯部下边缘的宽度和肩膀的宽度相同，都是 4cm 左右。
③裆底部位于第 5 条辅助线上方 0.2cm 的位置，在胯部上边缘和裆底部的中间位置画一条横向直线。这条横向直线与胯部两侧线条形成两个交叉点，然后将这两个交叉点分别和裆底部位线条的两个端点连起来，画出两条短弧线。

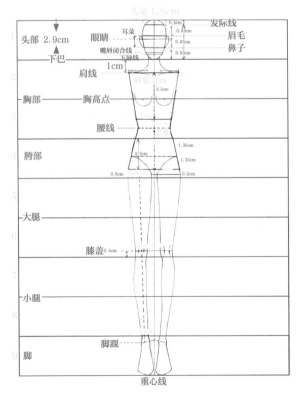

5. 绘制腿部和脚部。首先找到大腿根部的中点和脚踝的中点，然后将这两个点连成一条直线。这条直线是画大腿和小腿外侧轮廓时的辅助线。大腿根部是腿部最粗的位置，宽约 1.8cm；脚踝是腿部最细的位置，宽约 0.6cm；膝盖的宽度在两者之间，约 1cm，膝盖的纵向位置在第 7 条辅助线上方 0.4cm。脚踝的纵向位置和鞋跟的高度有关，鞋跟越高，脚踝的纵向位置越高，但最高不会超过 1 个头长。一般模特穿高跟鞋时，脚踝的纵向位置在第 9 个头长边缘线到 1/4 处；如果穿平底鞋，脚踝的纵向位置一般在第 9 个头长的 1/2 处。

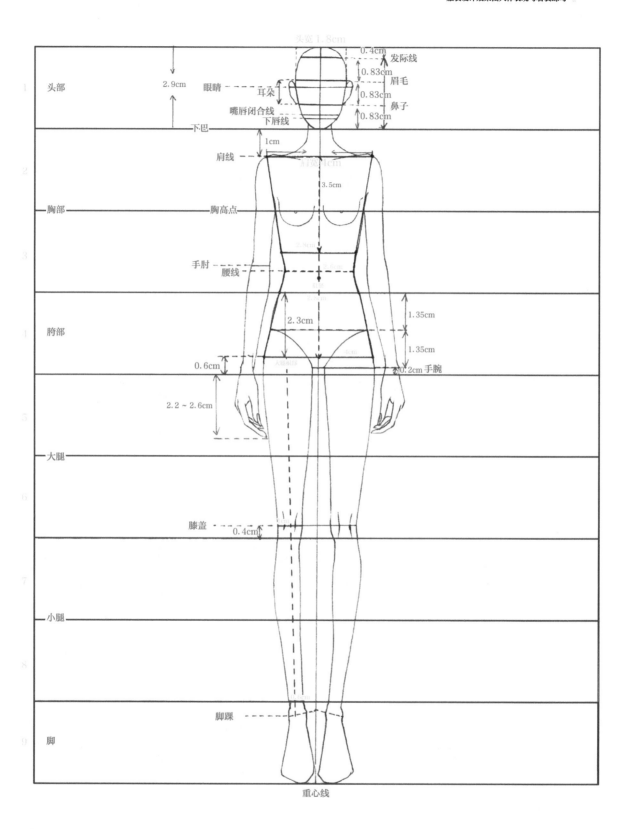

6. 绘制手臂和手部。人挺直站立时，手臂呈自然下垂状态，手肘位于腰线以上，手腕与裆底部同高。手指自然弯曲，位于第 6 条辅助线以上。画手臂时需要注意几个地方：肩膀和手臂的连接位置、上臂和下臂的连接位置以及下臂和手部的连接位置。

正面 9.5 头服装人体比例详解

正面 9.5 头服装人体比例的绘制步骤和正面 9 头服装人体比例一样，可以参考下图中的具体数值进行练习。

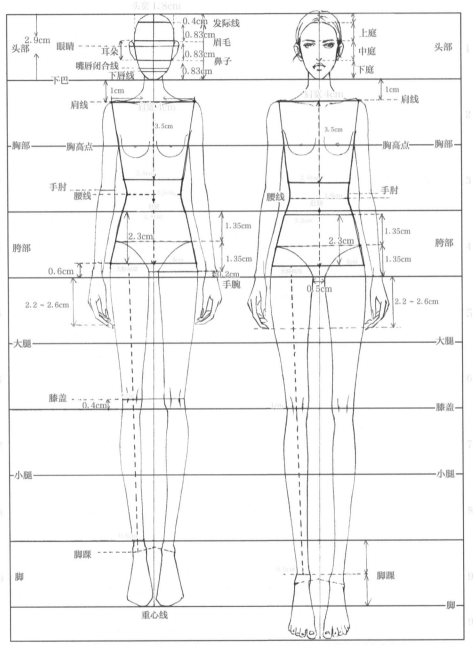

A4 纸正面 9 头服装人体比例参考图　　A4 纸正面 9.5 头服装人体比例参考图

① 1 个头长都是 2.9cm，正面 9.5 头服装人体比例高出来的半个头长主要集中在大腿和小腿位置，上半身的比例可以保持不变。
② 胯部宽度可以和肩膀宽度一样，也可以略微宽一些。
③ 裆底部刚好与第 5 条辅助线重合，宽度为 0.5cm 左右（数值仅供参考）。
④ 9.5 头人体的手臂长度可以和 9 头人体的手臂长度一样，也可以略微长一些。加长的部分主要在上臂和下臂，手部的比例保持不变，手部也不要超过第 6 条辅助线。

2.1.2 侧面和背面服装人体比例详解

虽然服装设计效果图主要呈现的是服装的正面效果，但也有一些服装需要同时展示正面、侧面和背面 3 个面的穿着效果。因此，我们不仅要掌握正面的服装人体比例和结构，同时也需要对侧面和背面的服装人体比例和结构有一定的了解，这样有助于服装的多方面呈现，可以更直观地展示出服装结构。这里主要介绍侧面和背面 9 头服装人体比例和结构。

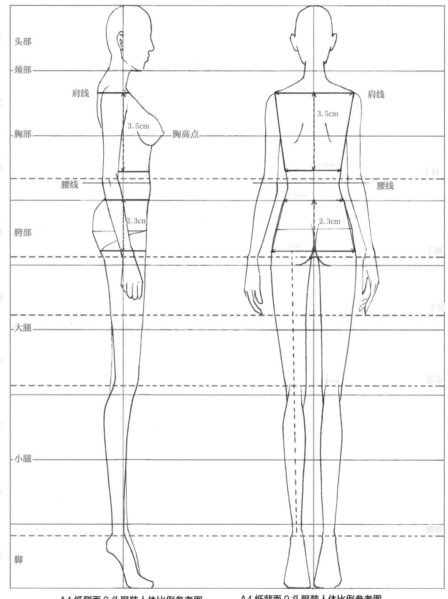

A4 纸侧面 9 头服装人体比例参考图　　　　A4 纸背面 9 头服装人体比例参考图

①在侧面人体比例图中可以清楚地看到人体的凹凸变化，胸部和臀部都是女性身体最突出的地方。
②侧面人体的胸腔高度和胯部高度与正面保持一致，肩线、腰线、手肘、手腕、膝盖、脚踝等的位置也保持不变。
③背面人体比例图的比例和正面保持一致。
④横向红色虚线分别代表手肘、手腕、手部、膝盖和脚踝的位置。

2.2 练习绘制服装人体动态

2.2.1 服装人体动态原理详解

服装人体动态指的是人体在运动过程中的一种状态。人的身体会根据不同的动态发生改变，除了挺直站立的姿势以外，其他的站立姿势都存在不同的动态变化。设计师可以根据不同的需求选择不同的人体动态，因为一般都是展示服装的正面效果，所以掌握正面的站立动态和行走动态非常重要。

站立动态的变化规律

画服装设计效果图的第1步都是确认人体的重心线。重心线是一条贯穿于人体重心、垂直于地面的直线，通过它可以清晰地判断出人体动态是否稳定。不论人体动态怎样变化，人体的重心线都保持不变，而且正面站立动态的重心线一定会经过锁骨的中点。

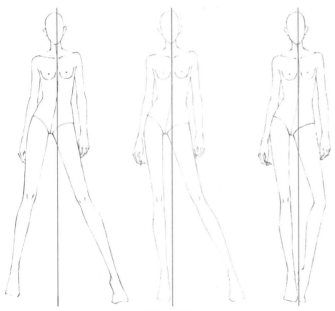

正面站立动态

①3个正面不同站立动态的重心线相同，都经过锁骨的中点并垂直于地面。
②在正面站立动态两条腿同时受力的情况下，重心线在两条腿中间。
③两条腿受力情况的不同直接影响重心线与两条腿之间的距离。受力越大的腿距离重心线越近，受力越小的腿距离重心线越远。
④在重心线位置和上半身动态不变的情况下，腿部可以有多种变化，除了图中出现的3个不同站立动态以外，也可以尝试其他站立动态。

①3个站立动态的上半身相同，只是腿的姿势不同，左侧的合成图是3个站立姿态重叠在一起的效果。
②在确定人体动态稳定的前提下，可以尝试改变受力小的腿的姿势。红色人体和绿色人体在右腿姿势相同、左腿姿势不同的情况下，依然可以保持人体重心的平稳。
③也可以尝试在不改变站立动态的情况下改变手臂的造型，例如两手叉腰的造型，或者一只手叉腰一只手抬起的造型。

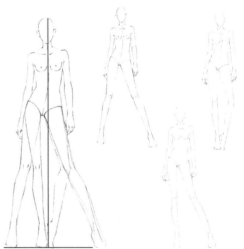

站立动态的变化规律

行走动态的变化规律

人体在行走时身体形态会发生明显的变化。一般情况下，行走时动态线穿插于人体重心线的两侧，胸腔和胯部呈一定的倾斜角度；重心线经过锁骨中间和重心脚，手臂在身体两侧摆动，腿一前一后摆动。行走动态比站立动态更加生动，是服装设计效果图最常用的动态之一。

正面行走动态

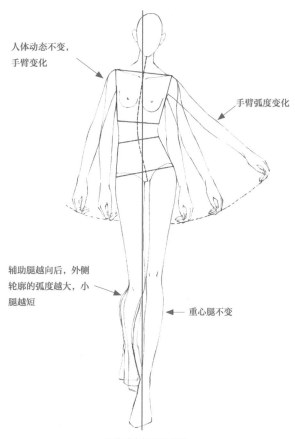

人体动态不变，手臂变化

手臂弧度变化

辅助腿越向后，外侧轮廓的弧度越大，小腿越短

重心腿不变

行走动态的变化规律

①行走时重心线除了会经过锁骨的中点外，还会经过人体的重心腿和重心脚。

②动态线经过人体的颈部、胸部、腰部和胯部，是行走动态中人体躯干的中线，也是对称线。我们可以以这条线为参考画出左右对称的身体结构。

③头部的倾斜方向一般和胸腔的倾斜方向一致，但也存在相互垂直或者相反的情况，只是比较少见。

④手臂一前一后自然摆动，后面的手臂经常会被胯部遮挡住一部分，遮挡部分的线条不用画出来。

⑤手臂的位置是由肩膀的高低决定的，画面中肩膀高的一边手臂位置偏上，肩膀低的一边手臂位置偏下。

⑥胯部向上的一边连接的是人体的重心腿，重心腿看起来一定比辅助腿长。

⑦膝盖的倾斜角度与胯部相同，重心腿的膝盖位置一定高于辅助腿的膝盖位置。

①在行走动态不变和手臂一直是伸直状态的前提下，可以以肩点为圆心、手臂长度为半径随意调整手臂的位置，两侧手臂都可以在前后摆动180°的范围内随意改变弧度，调整时需要注意手臂和肩膀的衔接位置。

②在重心腿不变的前提下，辅助腿可以进行多种变化。辅助腿的变化存在一定规律，从透视的角度来看，辅助腿越靠后，小腿越短，小腿外侧轮廓的弧度越大。

2.2.2 4种常见的站立动态

人体动态多种多样，本书主要以站立动态和行走动态作为示范。服装设计效果图中常用的动态并不多，下面会列举一些基本的服装动态及详细的绘制步骤讲解，绘制者要想熟练掌握必须进行大量的练习。书中范例都是在A4尺寸的纸张上完成的，参考数值也是以A4纸为准，如果换成A3或者其他尺寸的纸张，需要将数值进行等比例换算。

站立动态就是表现出人体在静止不动时的不同站立姿势，它的优势在于姿势多样、动态稳定，可以清晰地将服装效果展示出来。

正面站立动态一

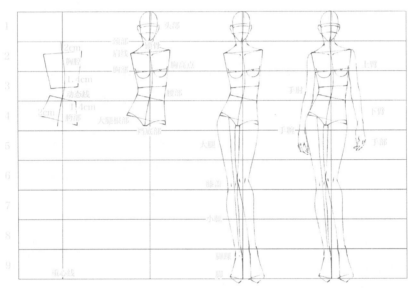

1. 在开始练习绘制服装人体动态图时，一定要先在纸上画出9头服装人体的横向辅助线，然后在画面的正中间画一条垂直的竖向重心线。重心线画好后，先找到肩线和重心线的交叉点，也就是锁骨的中点，位于第2个头长的1/3（约1cm）处，以该点为中心画一条直线作为肩线。该点左右的直线各长2cm。下面确认动态线，动态线经过锁骨中点向画面的右下方延伸，延伸到腰部位置后向相反的方向延伸，穿插到重心线的左侧，画到第5条辅助线向上0.5cm的位置停止。动态线画好后，以动态线为中心分别画出胸腔的下边缘线、胯部的上边缘线以及胯部的下边缘线，最后连接胸腔的侧面和胯部的侧面，完成第1步的绘制。其中，胸腔高3.5cm，胯部高2.3cm，胸腔的下边缘宽2.8cm，胯部的上边缘宽2.8cm，胯部的下边缘宽4cm。

2. 头部整体向画面右侧倾斜。先简单地画出头部的横向中线并标注出耳朵的位置，头宽1.8cm，不包括耳朵的宽度；颈部两侧的线条可以先画成两条竖向的连接头部和肩膀的直线，然后用直线连接颈部的中点和肩点；肩点位于肩线的两个端点上，再把线条修成弧线。锁骨线条偏直，锁骨中点低于肩点。胸部位于胸腔的中间位置，倾斜角度和肩线的倾斜角度一致，先画好胸高点，再围绕胸高点画出胸部的半圆结构。在动态线的末端画一条0.5cm宽的横向短直线表示裆底部，再画出大腿根部的弧线。

3. 确认脚踝的位置，位于第9个头长的1/4处。模特的左脚脚踝略微偏上，模特的右腿伸直。我们可以先用一条直线将大腿根部的中点和脚踝的中点连接起来，再参考这条直线画出大腿、小腿和脚的轮廓，注意刻画膝盖、脚踝。

4. 添加手臂。两条手臂自然下垂在身体两侧，没有做任何造型。画的时候可以参考正面服装人体比例关系，注意手臂的长度要合理。

①胸腔和胯部两个体块的朝向相反。
②两条腿都受力的情况下，重心线在两腿之间。

③模特的左腿弯曲。画面中模特左腿的长度和右腿差不多；但如果左腿伸直，长度一定会超过右腿。

正面站立动态二

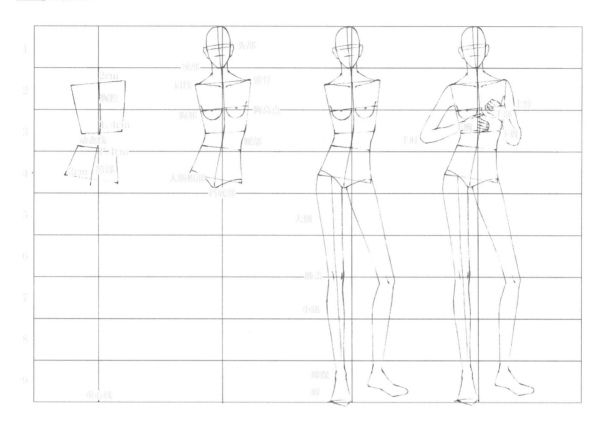

1. 画出 9 头服装人体的横向辅助线和竖向重心线。重心线画好后，先找到肩线和重心线的交叉点，也就是锁骨的中点，位于第 2 个头长的 1/3（约 1cm）处，以该点为中心画一条向右上方倾斜的直线作为肩线。该点左右的直线各长 2cm。画好肩线后，从锁骨的中点起笔向右下方画动态线，画到腰部位置后向重心线的左侧延伸，完成身体动态线的绘制，再参考动态线画出胸腔和胯部的轮廓。

2. 头部整体向画面左侧倾斜，确定头高和头宽后画出头部。颈部可以看成一个插在胸腔上方的圆柱体，主要画出颈部的竖向线条。人体正面的锁骨比较明显，画图时注意左右对称；分别画出胸部、腰部、大腿根部和裆底部线条。

3. 先确认模特右腿脚踝的位置，然后用一条直线将右腿大腿根部的中点和右脚脚踝的中点连接起来，画出模特右腿的轮廓，再画出模特的左腿轮廓。

4. 模特的两条手臂都呈弯曲状态，因为左手的下臂离身体有一定的距离，所以下臂看起来明显偏短。画图时要特别注意手臂弯曲时的透视关系和长短变化。在手肘和上臂姿势保持不变的前提下，下臂离身体越近，就要画得越长；下臂离身体越远，就要画得越短。

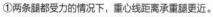

①两条腿都受力的情况下，重心线距离承重腿更近。
②除掌握手臂自然下垂的画法外，绘制者还需要多加练习不同状态的手臂在画面中的呈现效果。了解人体的透视关系，有助于绘制者掌握手臂在画面中的长短变化的规律。

微侧站立动态一

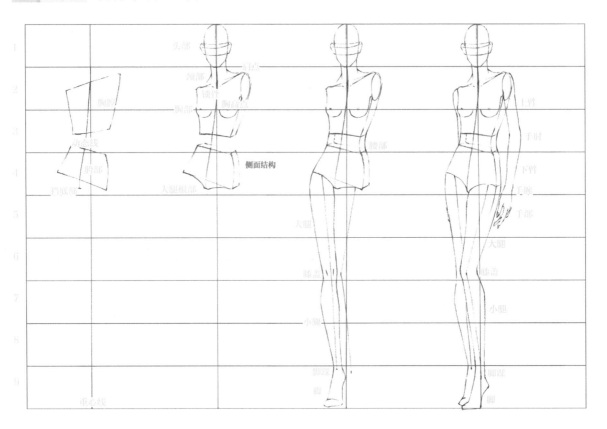

1. 画出 9 头服装人体的横向辅助线和竖向重心线，然后找到锁骨的中点，以该点为参考画一条向左上方倾斜的直线。因为图中的人体是微侧站立的，所以画肩线时要注意两侧线条的长短分配。根据透视原理，画面中模特身体的左侧离观者更近，因此模特的左肩线要比右肩线长。动态线在重心线的左侧，参考动态线画出胸腔和胯部。

2. 人体微侧时的身体结构不能再用简单的平面梯形来表现，这里需要先将两个平面的体块变为立体结构，分别在两个梯形的最右侧拆分出一个独立的面，以形成立体的结构。虽然模特身体是微侧的，但头部仍是朝向正面的，所以用画正面的方法画头部。颈部还是类似于插在胸部上方的圆柱体。画图时需注意颈部两侧线条和重心线之间的远近关系。

3. 用线条将胸腔和胯部中间空白的腰部位置连接起来。模特呈一条腿直立、一条腿弯曲的姿势，虽然模特的右腿处于被遮挡的状态，但画图时需要先把两条腿的结构都画出来，然后再擦掉被遮挡的部分。

4. 在上一步的基础上完成模特左腿的绘制，明确腿部结构，然后重点画出模特的左手臂。手部长度控制在第 6 条辅助线以上 0.5cm 左右的位置。

①微侧人体结构和正面人体结构要区分开，正面人体结构躯干的左右两侧是对称的，微侧人体结构躯干的左右两侧是不对称的。
②微侧人体动态起型时，胸腔和胯部的体块都不再呈规整的梯形，除了左右体块分配不等以外，纵向线条的分配也不同。根据透视原理，离观者近的画面右侧的纵向线条一定比离观者远的画面左侧的纵向线条长。

微侧站立动态二

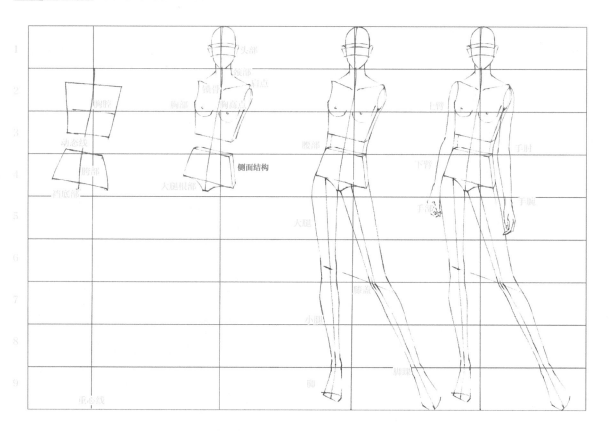

1. 画出 9 头服装人体的横向辅助线和竖向重心线，然后找到锁骨的中点，以该点为参考画一条向画面的右下方倾斜直线。画肩线时注意锁骨中点两侧线条的长度，模特的左肩线要比右肩线长。身体动态线都在重心线的左侧，参考动态线画出胸腔和胯部。

2. 画出胸腔和胯部的立体结构，距离观者近的模特左侧胸腔和胯部的面积比距离观者远的模特右侧胸腔和胯部的面积大。头部微侧，重心线靠近画面左侧。

3. 画好腰部两侧的线条，然后画两腿的轮廓。根据透视原理，离观者近的模特的左腿比离观者远的模特的右腿长，膝盖和脚的倾斜方向与胯部的倾斜方向保持一致。

4. 手臂自然下垂在身体两侧。画图时需要注意两条手臂的前后关系，以及上臂、下臂和手部的长短变化。

①微侧人体动态一定要把人体左右不对称的特征画出来。
②起型时注意胸腔和胯部的体块变化，一定要与正面人体的体块进行区分。
③注意手臂和腿的透视关系和长短变化。

2.2.3 4种常见的行走动态

行走动态就是把模特行走过程中的某一瞬间记录下来，模特动态主要来自秀场和街拍。秀场的正面行走动态是服装设计效果图中最常用的人体动态，设计师在画系列效果图时既可以只用一个人体动态去表现，也可以用多个人体动态去表现，能够把服装的效果表达清楚即可。下图是A4纸上9头服装人体和9.5头服装人体的秀场动态比例图，图中已经将重要的结构点、参考数值标注了出来，接下来的范例中有详细的绘制步骤讲解。

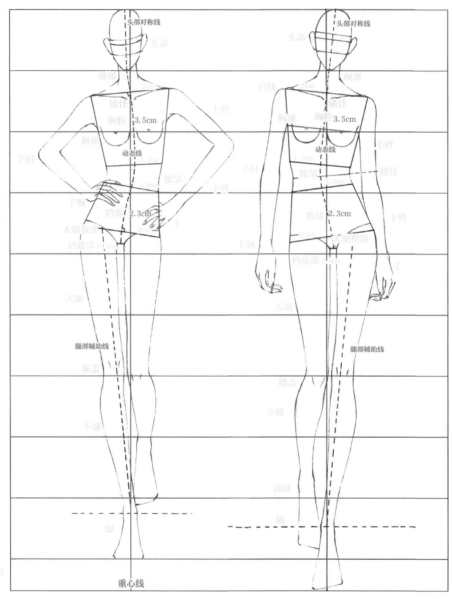

9头服装人体的秀场动态比例参考图　　　9.5头服装人体的秀场动态比例参考图

①图中两个秀场动态非常重要，后文所使用的全身效果范例图都是从这两张动态图的基础上演变而来的。
②动态线在重心线的两侧，虽然可以根据实际情况调整角度，但不论角度怎么变动，正面服装人体的动态线都是它的对称线，经过人体颈部、胸部、腰部、胯部和裆底部的中点。
③根据鞋子的高度调整脚踝的位置和脚的大小。

9 头服装人体的秀场行走动态

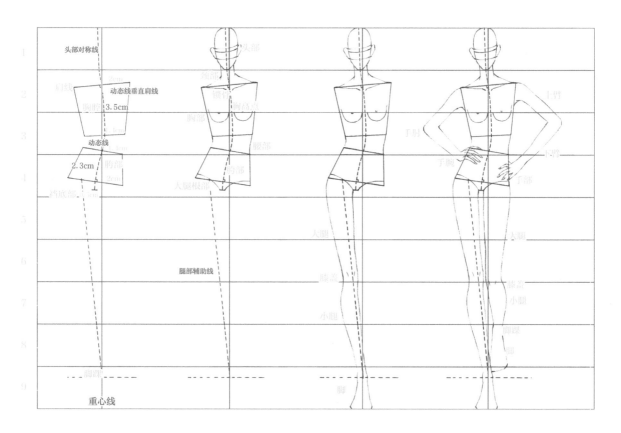

1. 画 10 条间距相同的横向辅助线，然后画 1 条垂直于地面的竖向重心线。在第 2 个头长的上 1/3 处找到锁骨的中点，以锁骨的中点为参考，向右上方画肩线。该点左右的线段长度各为 2cm。动态线垂直于肩线和胯部下边缘线，以动态线为对称线画出胸腔和胯部体块。其中：胸腔高 3.5cm，上宽 4cm，下宽 2.8cm；胯部高 2.3cm，上宽 2.8cm，下宽 4cm；裆底部宽 0.5cm。用一条线将大腿根部的中点和重心腿脚踝的中点连起来，作为后面绘制的参考线。

2. 头宽为 1.8cm，不包括耳朵的宽度，然后根据头部参考线确定耳朵的位置。头部画好后，绘制出颈部，将头部和胸腔连接在一起。再以动态线为对称线画出模特的胸部，并用线条将模特的胸腔和胯部连接起来，同时画出胯部连接裆底部的线条。

3. 参考画好的腿部辅助线，从大腿根部起笔，围绕辅助线画出腿的轮廓。其中，大腿的根部宽约 1.8cm，脚踝宽约 0.6cm，膝盖宽约 1cm。

4. 辅助腿的膝盖位于重心腿的膝盖之下，辅助腿的长度也小于重心腿的长度。参考重心腿的位置完成辅助腿的绘制。模特两手叉腰，从正面看，上臂和下臂在长度上没有变化，只是角度不同。

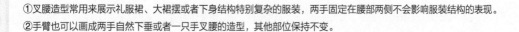

①叉腰造型常用来展示礼服裙、大裙摆或者下身结构特别复杂的服装，两手固定在腰部两侧不会影响服装结构的表现。
②手臂也可以画成两手自然下垂或者一只手叉腰的造型，其他部位保持不变。

9.5 头服装人体的秀场行走动态

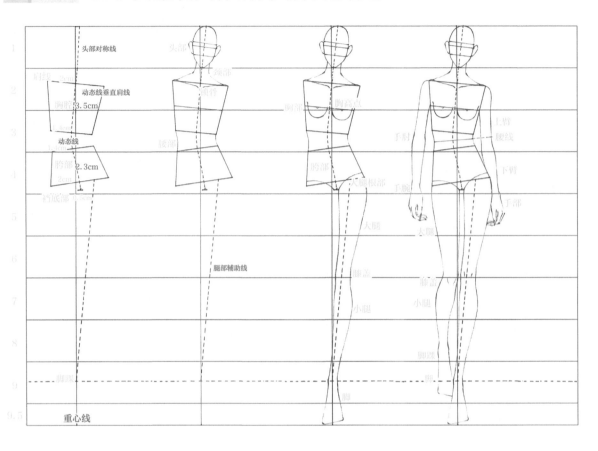

1. 画 11 条横向辅助线和 4 条竖向重心线。确认锁骨中点和动态线后，以动态线为对称线画出胸腔和胯部。其中：胸腔高 3.5cm，上宽 4cm、下宽 2.8cm；胯部高 2.3cm，上宽 2.8cm、下宽 4cm；裆底部宽 0.5cm。然后画出左腿的腿部辅助线。

2. 头宽约为 1.8cm，不包括耳朵的宽度。然后画出头部的辅助线和耳朵的轮廓线。头部画好后，直接画出颈部、锁骨、肩膀和腰部。

3. 画出胸部和胸高点，然后根据腿部辅助线从上往下画出左侧大腿、小腿和脚，膝盖刚好位于第 7 条辅助线上。其中，大腿根部宽 1.8cm 左右，膝盖宽 1cm 左右，脚踝宽 0.6cm 左右。

4. 画右腿时注意膝盖位置要低于左腿的膝盖位置，小腿的长度要小于左腿小腿的长度，脚要大于左脚。两条手臂自然下垂，手部在大腿的中间位置。

小贴士

在 A4 纸上画服装设计效果图时，如果模特头上没有夸张的头饰，也没有穿跟特别高的鞋子，可以完全参考上图来画。

单手叉腰行走动态

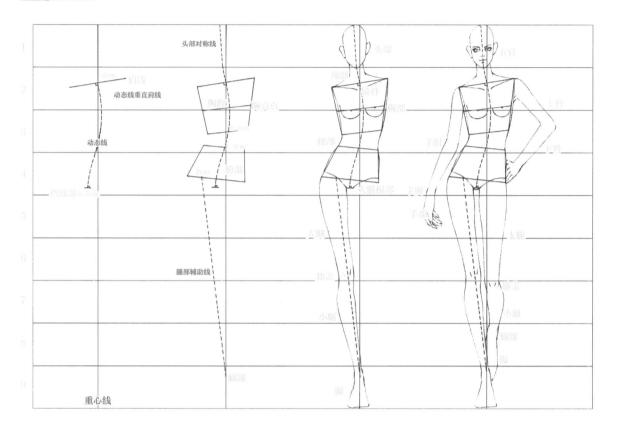

1. 画好横向辅助线和竖向重心线，然后找到锁骨的中点，以该点为中心画一条向右上方倾斜的左右长度各为 2cm 的线段，再画出人体的动态线。

2. 绘制头部对称线、胸部参考线、腿部辅助线、胸腔轮廓线以及胯部轮廓线。其中，胸腔高约 3.5cm，胯部高约 2.3cm。

3. 根据头部对称线画出头部；参考胸部参考线，分别在动态线的两侧画出胸部和胸高点；以腿部辅助线为参考，从上往下画出大腿、小腿和脚。其中，大腿根部宽约 1.8cm，膝盖宽约 1cm，脚踝宽约 0.6cm。

4. 对人体动态熟练掌握后，可尝试添加其他五官。五官的比例大小、位置关系在 2.1 节的正面服装人体比例图中有简单的说明，在后面的 3.1 节中有更加详细的说明。

小贴士　　在服装设计效果图中，虽然五官所占的比例很小，在 A4 纸上头部的尺寸只有 2.9cm×1.8cm，但五官的结构非常复杂。想要在这么小的尺寸中画好五官，除了需要掌握五官的比例和结构外，还需要进行大量的练习。

单手背包行走动态

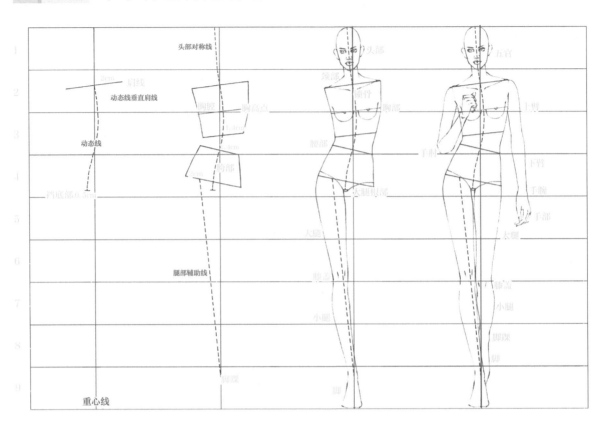

1. 本范例的动态基本和单手叉腰行走动态一样，只是手臂造型不同。画好横向辅助线和竖向重心线后，先找到锁骨的中点，然后画肩线和人体的动态线，其中肩宽约 4cm。

2. 确定头部对称线、胸部参考线、腿部辅助线、胸腔轮廓线以及胯部轮廓线。其中，胸腔高约 3.5cm，胯部高约 2.3cm。

3. 以头部对称线为参考，绘制眼睛、鼻子、嘴唇、眉毛和耳朵；以胸部参考线为参考，绘制胸部；以腿部辅助线为参考，绘制腿部。

4. 画出辅助腿，然后画模特的左手臂和右手臂。左手臂自然摆动，手部至大腿中间；右手臂抬起握拳，手部在胸口位置。

小贴士
①练习绘制服装人体动态时，可以提前准备好一些已经有辅助线的纸张，既方便练习，也能节约纸张。绘制者可以尝试在一张纸上进行 3 次服装人体动态练习。
②熟练掌握动态后就可以直接画图了，起型前标注出大概的位置即可。

2.2.4 常见动态展示

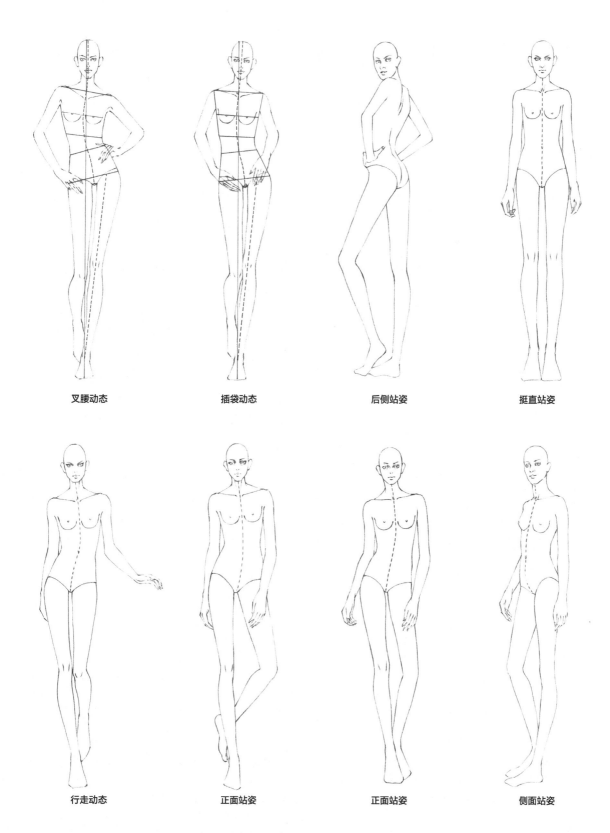

叉腰动态　　　　　插袋动态　　　　　后侧站姿　　　　　挺直站姿

行走动态　　　　　正面站姿　　　　　正面站姿　　　　　侧面站姿

2.3 制作服装人体比例尺

　　　服装人体比例尺是为方便画服装设计效果图而制作的尺子。起型时可以将比例尺直接放在 A4 纸上，用铅笔快速描出外轮廓，这样既能保证每张人体图比例的正确性，也能加快画图速度。在 1.5 节的其他画材介绍中，提到过一种马克笔专用纸，它是半透明的硫酸纸。如果平时使用这种纸画图，则不需要制作人体比例尺，而是将画好的人体比例图放在画纸的下面，然后直接在上面画五官、头发和衣服轮廓，见下图。

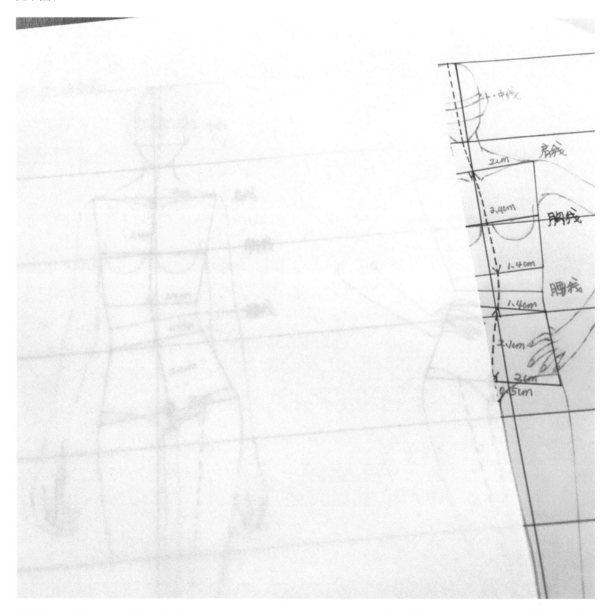

①图中用的是 COPIC 马克笔专用纸，透明度较高，可以清晰地看到下面纸张上所有的线条和数字。如果对人体结构不熟悉，画图时可以先用这种纸把比例图描一遍，然后再画五官和服装。熟练掌握后可以直接画五官和服装。
②如果人体动态发生变化，可以在底层动态图的基础上进行调整，将新的动态图画在纸上，然后添加五官和服装。

人体比例尺的制作方法

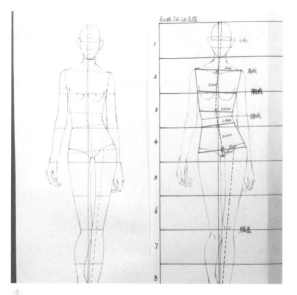

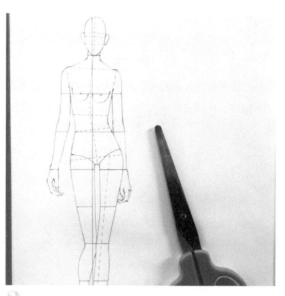

1. 准备一张比较厚的 A4 纸，以便后面使用和保存。根据本章前两节所学的内容，独立完成一张标准的 9 头服装人体秀场动态图，保留所有横向辅助线和胸部线条，然后用另一种颜色的笔画出头部的内侧比例线、动态线、胸腔轮廓线、胯部轮廓线和腿部辅助线。

2. 画好后，可以用相应的彩色针管笔再勾一遍所有的线条，方便长久保存，然后准备一把剪刀。

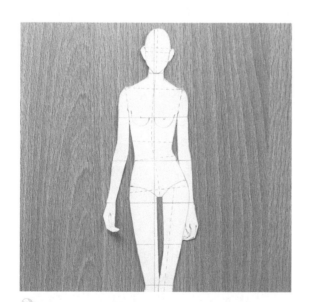

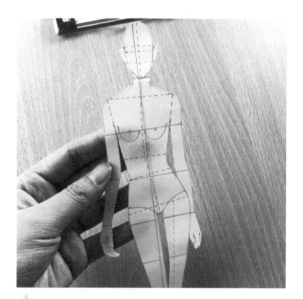

3. 用剪刀沿着外轮廓修剪，修剪时要确保边缘整齐，然后用刻刀修整细节，完成简单的人体比例尺制作。

4. 如果担心制作的人体比例尺用久以后会变脏，可以在修剪之前在纸的表面贴一层透明胶带。

①可以按照同样的方法，根据实际需要制作正面站立的 9 头服装人体比例尺和 9.5 头服装人体秀场动态比例尺。
②尽量选择厚一些的纸张，有厚度的纸张使用起来更方便。
③使用人体比例尺只是为了在后期的画图过程中节约时间，如果时间充裕还是建议独立完成人体比例的绘制。

2.4 练习绘制服装人体着装效果

常用的人体比例尺做好后，就可以开始实操练习了。先将人体比例尺放在 A4 纸的中间位置，用铅笔描出人体的外轮廓，对应人体比例尺上的位置画出头部内侧的比例线、锁骨的线条、胸部的线条和身体的动态线；所有的辅助线都画好后，再细化五官、头发、衣服和鞋子的轮廓。下面的范例用了两个相反动态的人体比例尺——9 头服装人体秀场动态和 9.5 头服装人体秀场动态。

2.4.1 9 头服装人体秀场动态着装效果

范例一

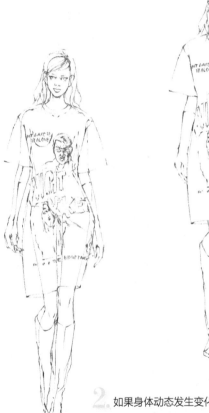

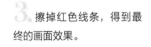

3. 擦掉红色线条，得到最终的画面效果。

1. 画出 9 头服装人体秀场动态的原型，在开始练习的时候可以把头部的辅助线都画出来，以方便后面画五官。

2. 如果身体动态发生变化，可以在原有动态的基础上进行调整。图中模特动态和比例尺动态有偏差，头部、躯干和腿形不需要调整，只需要调整手臂的位置，将模特的左手臂和右手臂调整成需要的效果。

小贴士
①红色铅笔线在画图的过程中要边画边擦，最终全部擦掉。
②画宽松类型的服装时，需要注意服装轮廓线和身体轮廓的距离。服装越宽松，轮廓线距离身体越远；服装越修身，轮廓线距离身体越近。

范例二

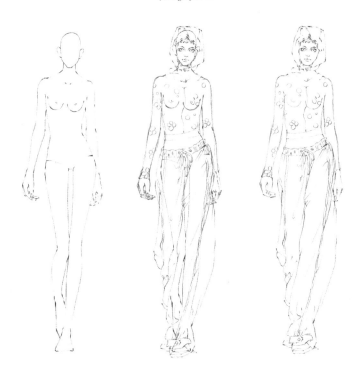

1. 以 9 头服装人体秀场动态为原型，在 A4 纸上画出完整的轮廓线和辅助线。

2. 直接在动态原型的基础上画主要的五官和服装。先参考头部辅助线画出眼睛、鼻子和嘴唇轮廓，被遮挡的耳朵不用画。然后画上衣和帽子，因为模特穿的是一件透明上衣，所以可以直接保留上半身的人体线稿。

3. 擦掉红色线条，得到最终的画面效果。

①画透明服装的技巧是先画里面的人体轮廓，再画外面的服装轮廓。
②帽子本身具有一定的厚度和高度，画图时需注意帽子上边缘和头部上边缘的位置关系，帽子一定要高于头部。

2.4.2 9.5 头服装人体秀场动态着装效果

1. 以 9.5 头服装人体秀场动态为原型，先把动态图画在 A4 纸的中间位置。

2. 动态不变，直接画模特的主要五官、头发、外套、吊裙和鞋子等，保留模特手臂和腿部的轮廓线。因为外套和吊裙款式都比较宽松，所以画图时不要紧挨着身体边缘画，要保持一定的距离。

3. 擦掉红色线条，得到最终的画面效果。

①吊裙用了蕾丝面料，画蕾丝面料服装的方法和画透明服装的方法相似，都需要先画出里面的人体轮廓，再画出外面的服装轮廓。
②所有的服装轮廓线都在人体轮廓线以外。

范例一

范例二

1. 以 9.5 头服装人体秀场动态为原型，在 A4 纸的中间位置画出动态图。

2. 动态不变，画出模特的主要五官、头发、衣服和鞋子等，保留露在外面的模特腿部轮廓线。模特的上衣衣袖和腰身都比较宽松，刻画时要与身体轮廓线之间有一定的距离，并且在腰部和袖口的位置要形成一定的褶皱。

3. 擦掉红色线条，细化服装并画出上面的褶皱细节，得到最终的画面效果。

①在服装设计效果图中，一般会把手和脚的比例画得大一些，这样可以更清楚地展示出手部结构和鞋子细节。

②画好服装设计效果图的前提是熟练掌握服装人体的比例和动态。

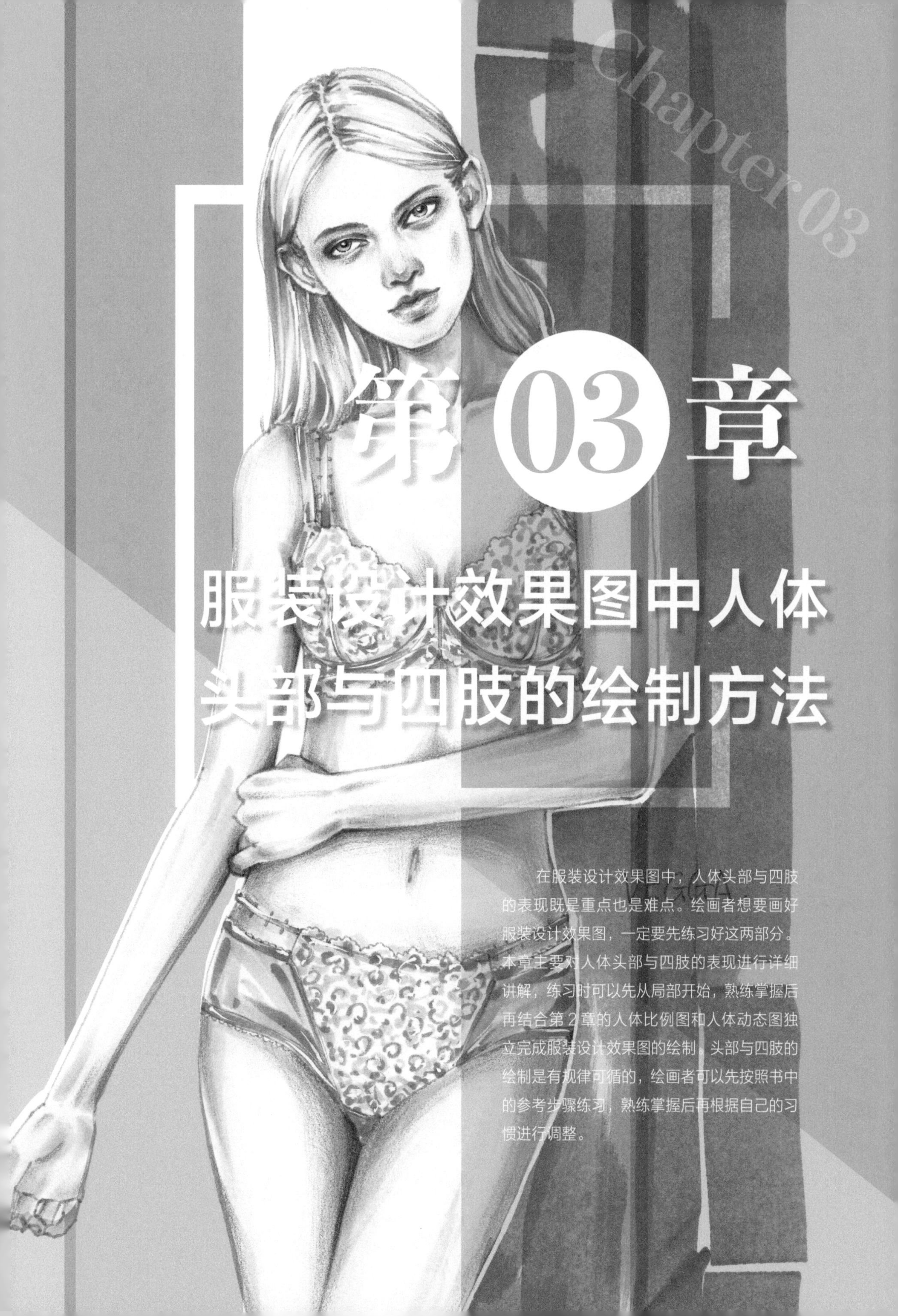

Chapter 03

第03章 服装设计效果图中人体头部与四肢的绘制方法

在服装设计效果图中，人体头部与四肢的表现既是重点也是难点。绘画者想要画好服装设计效果图，一定要先练习好这两部分。本章主要对人体头部与四肢的表现进行详细讲解，练习时可以先从局部开始，熟练掌握后再结合第2章的人体比例图和人体动态图独立完成服装设计效果图的绘制。头部与四肢的绘制是有规律可循的，绘画者可以先按照书中的参考步骤练习，熟练掌握后再根据自己的习惯进行调整。

正面头部绘制方法

正面头部是服装设计效果图中最常用的头部角度之一。头部主要包括眉毛、眼睛、鼻子、嘴巴、耳朵和头发等，最开始画正面头部时要严格按照"三庭五眼"的比例进行绘制。

头部纵向分为"三庭"，先确定发际线的位置，然后将发际线到下巴之间 3 等分：第 1 等份被称为"上庭"，上边缘线是发际线位置，下边缘线是眉毛位置；第 2 等份被称为"中庭"，上边缘线是眉毛位置，下边缘线是鼻子位置；第 3 等份被称为"下庭"，上边缘线是鼻子位置，下边缘线是下巴位置。头部横向分成"五眼"，就是 5 只眼睛的宽度，除了 2 只眼睛本身的宽度外，两眼之间的距离是 1 只眼睛的宽度，两侧外眼角到两侧耳朵边缘的距离各是 1 只眼睛的宽度。

3.1.1 正面头部中分发型

| E413 | E414 | G56 | SG473 | G60 | R143 | E430 | E431 | E432 |

完整色卡展示

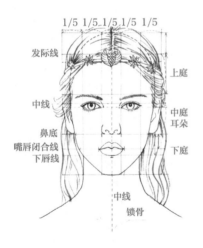

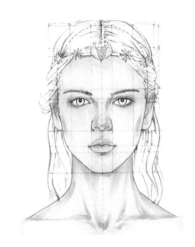

1. 画出"三庭五眼"的辅助线，将头部横向 5 等分，纵向 3 等分（发际线和下巴之间）。发际线的高度一般控制在头长的 1/4 以内。画出头部纵向、横向两个方向的中线，上眼线刚好位于横向中线上。眼睛画好后，再依次画出鼻子、嘴巴和耳朵。

2. 开始上色。先从最浅的皮肤色开始，用偏黄的浅棕色马克笔 E413 均匀地涂满面部和颈部，填充底色用马克笔的斜头或者软头都可以；然后用深一些的棕色马克笔 E414 绘制皮肤暗部，主要集中在眼睛周围、鼻子两侧、鼻底、人中、嘴唇下方、颧骨、耳朵内侧、颈部上方和锁骨等位置。

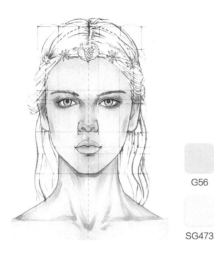

G56

SG473

G60

R143

3. 用 G56 涂眼珠颜色，直接用平涂的方法填满即可。用银灰色马克笔 SG473 将所有的暗部加深一层。

4. 加深眼球暗部，可以用深一些的绿色马克笔 G60 紧挨着上眼皮的边缘开始上色，眼球的下半部分不用覆盖深色；然后用红色马克笔 R143 画出嘴唇底色，可以直接把下唇的高光位置留出来；最后用黑色的小楷笔依次勾出上眼线、下眼线和眼睫毛。

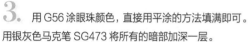

小贴士

①马克笔的上色技巧是由浅到深，不论是画人体还是画服装，都是先画亮部浅色，再画暗部深色。
②书中范例呈现的颜色和实际手稿的颜色有色差，这是印刷纸张与实际使用的纸张不同导致的。
③眼球的颜色尽量选择浅色和灰色，这样可以和瞳孔的黑色进行区分。
④范例中用到的所有灰色系马克笔都可以用其他品牌的马克笔代替，保证颜色相似即可。

E430

E431

E432

5. 用浅棕色马克笔 E430 添加头发底色，因为头发的面积比较大，所以可以用马克笔的斜头进行大面积上色。上色时注意笔触方向和留出高光位置。

6. 画出头发暗部的颜色，头发暗部分别用 E431 和 E432 两支棕色马克笔来表现，暗部主要集中在鬓角两侧、耳朵下方和颈部侧面等位置。高光是用来提亮画面、增强画面效果的，主要集中在瞳孔、嘴唇、人中和头发上。

小贴士

①软头勾线笔更适用于画眼睫毛和头发。
②棕色是画头发的常用色，可以多准备几支。
③填充头发颜色时不用把画面全部涂满，可以适当留白，这样得到的画面效果更好。

3.1.2 正面头部盘发发型

| R373 | R375 | E407 | R376 | E174 | R140 | E437 |

完整色卡展示

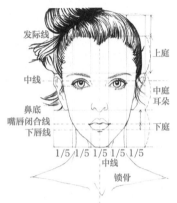

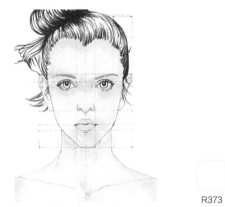

R373

1. 画出"三庭五眼"的辅助线，确定五官的位置；然后画出正面头部。范例中的五官、颈部和锁骨是用慕娜美咖啡色硬头勾线笔画的，眼睫毛、嘴唇闭合线和头发是用黑色软头勾线笔画的。

2. 绘制皮肤底色。可以先用浅肤色马克笔 R373 的斜头快速填充皮肤底色，然后换成软头在皮肤的暗部位置加深一层，主要包括眼睛周围、鼻底、嘴唇、耳朵和颈部等位置。

> **小贴士**
> ①最开始练习绘制头部时，可以先把"三庭五眼"的辅助线画出来，然后根据辅助线找到五官的对应位置，后期熟练后可以直接用铅笔起型。
> ②模特头发是束起的状态，勾线时要特别注意头发线条的方向，按照规律来绘制。

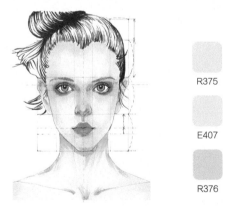

R375

E407

R376

E174

R140

3. 绘制皮肤暗部的颜色，选择浅肤色马克笔 R375 分别给五官和颈部的暗部上色，上色时软头马克笔比硬头马克笔更加灵活。皮肤暗部画好后，用棕色马克笔 E407 填充眼球的颜色，然后选择一个偏红的马克笔 R376 画出眼睛周边的眼影和嘴唇的颜色。

4. 深入刻画五官细节，用红棕色马克笔 E174 画出眼线、下眼线、鼻孔、人中、下唇、耳朵和颈部的阴影；然后用深红色马克笔 R140 加深嘴唇暗部，再用黑色软头勾线笔强调上眼线、下眼线、眼睫毛、鼻孔和嘴唇闭合线。

> **小贴士**
> ①马克笔叠加的次数越多，颜色越深。皮肤底色画好后，可以用同一支马克笔的软头先加深一遍暗部，这样画出来的皮肤看起来更加自然。
> ②皮肤的暗部颜色可以从底色的同色相颜色中选择：底色颜色偏红，暗部颜色也偏红；底色颜色偏黄，暗部颜色也偏黄。

E407

E437

5. 填充头发颜色。用浅棕色马克笔 E407 填充头发底色。如果画面全部填满，后面可以用高光笔进行提亮。

6. 绘制头发暗部的颜色。用深棕色马克笔 E437 加深头发暗部。如果觉得颜色对比太明显，暗部颜色也可以选择棕色马克笔 E409。用高光笔画出眼睛、嘴唇和头发的高光，得到最终的画面效果。

小贴士
①画正面头部时，需要注意头部左右两侧的对称性，尤其是脸部的外轮廓线，可以先确定一侧脸部轮廓线，再借助尺子或者使用其他方法画出另一侧的脸部轮廓线。
②正面耳朵的上边缘刚好在"中庭"的上边缘线上，下边缘刚好在"中庭"的下边缘线上。

3.1.3 正面头部侧分发型

R373　R375　B235　R144　E435　E431　E432

完整色卡展示

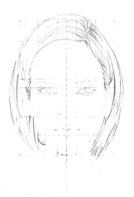

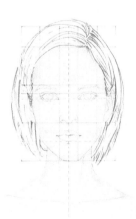

R373

1. 画出"三庭五眼"的辅助线，熟练后辅助线可以简化。线稿画好后直接勾线。脸部和五官的轮廓可以用慕娜美咖啡色硬头勾线笔勾线，头发可以用白金牌咖啡色软头勾线笔勾线，勾线后擦掉线稿。

2. 用马克笔的斜头快速平涂绘制皮肤底色，可以用 COPIC 的浅肤色 R000，也可以用法卡勒三代的浅肤色 R373。

小贴士
①白金牌咖啡色软头勾线笔容易掉色，勾线时需要特别注意，可以等画面干了以后再擦线稿。
②填充皮肤底色时可以将嘴唇一起覆盖掉，但要将眼睛的位置留出来。

R375

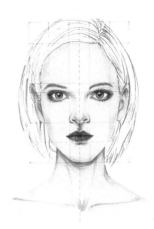

B235

R144

3. 绘制皮肤暗部的颜色。先用浅肤色马克笔 R375 填充眉毛和嘴唇的颜色，然后画出眼睛、鼻子、耳朵和颈部等的暗部。

4. 深入刻画五官细节。先用浅蓝色马克笔 B235 填充眼球，再用暗红色马克笔 R144 填充嘴唇。范例用辉柏嘉彩铅笔辅助上色，先用黑色彩铅 499 加深眼影（颜色主要集中在上眼线和下眼线）、鼻孔和嘴唇闭合线的颜色；然后用印度红彩铅 492 围绕双眼皮边缘的上方上色，再继续用印度红彩铅 492 画出内眼角、颧骨、鼻子、人中、耳朵、下唇、颈部和锁骨的阴影。

小贴士
①如果马克笔的颜色较少，细节处可以用彩铅笔辅助上色。
②颧骨暗部的颜色不用上得特别深，稍微能看出即可，可以直接用彩铅笔顺着颧骨的结构向画面的内侧斜向排线。

E435

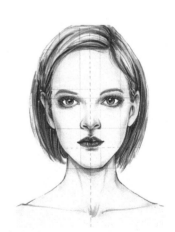

E431

E432

5. 填充头发底色。用浅棕色马克笔 E435 顺着发丝方向上色，画面可以部分留白。

6. 添加头发暗部的颜色。先用棕色马克笔 E431 加深头发的发缝位置、鬓角位置、耳朵下方位置，然后用深棕色马克笔 E432 继续加深头发暗部，增加头发的层次。头发暗部画好后，用高光笔分别画出眼睛、嘴唇和头发的高光，完成整幅画面的绘制。

微侧头部绘制方法

3.2

微侧头部的角度只比正面头部的角度略微偏一点，头部的中心线偏向一侧，左右两侧并不完全对称。画图时要特别注意两侧脸颊和五官的比例关系。

3.2.1 微侧头部中分盘辫发型

R373　R375　BG82　R143　E408　E162　BG107　RV208　RV363　RV209　RV216　E20　B115　B239

完整色卡展示

1. 用紫色铅笔起型。如果没有紫色铅笔，也可以用黑色铅笔代替，注意保持画面整洁。

R373

2. 直接在线稿的基础上用浅肤色马克笔 R373 填充皮肤底色，用软头马克笔根据脸部结构运笔和上色。起笔时力度较大、颜色偏深，收笔时力度较小、颜色偏浅，最终形成画面中的效果。

> **小贴士**
> ①在线稿上直接上色时，马克笔的颜色会附着在线稿的表层，被遮挡的铅笔线条是擦不掉的；如果表层马克笔的颜色很浅，底层的铅笔线条会在画面中清晰可见。故用铅笔起型时一定要将多余的线条全部擦掉。
> ②步骤 2 中使用的皮肤上色方法较难，需要对头部结构有一定的了解，初学者可以用平涂的方式上色。

R375

3. 用浅肤色马克笔 R375 的软头绘制皮肤暗部。可以先从眼睛周围画起，整体加深外眼角和内眼角；然后根据鼻子的结构加深鼻底和鼻根，画出鼻子的立体效果；再继续加深颧骨暗部、耳朵暗部、颈部暗部，以及头发在头部形成的暗部区域。

BG82

R143

E408

4. 用蓝绿色马克笔 BG82 绘制眼球、头饰、耳饰和衣服的底色；然后用红色马克笔 R143 加深五官暗部，并刻画嘴唇、头饰和服装的细节；再用棕色马克笔 E408 填充头发底色，填充时可适当留白，留白位置可以参考步骤图。

R373

E162

BG107

RV208

RV363

RV209

RV216

E20

5. 为了让皮肤看起来更加自然，用步骤 2 中的浅肤色马克笔 R373 在过渡明显的区域反复上色，缩小明暗对比；然后用棕色马克笔 E162 绘制头发的暗部，用蓝绿色马克笔 BG107 绘制头饰、耳饰和衣服的暗部，再用暗红色马克笔 RV208 绘制嘴唇、头饰和衣服的细节。

6. 用 RV363 和 RV209 两种皮肤色深入刻画五官暗部，然后用粉红色马克笔 RV216 分别在眼窝和颧骨的位置添加妆容，再用棕色马克笔 E20 绘制头发的暗部，以增加头发的层次。

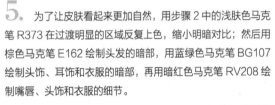

小贴士　　如果想体现模特额头上两组头发的立体效果，一定要把这两组头发在额头上所形成的阴影画出来。如果不画阴影，头发看起来就是平面的，没有任何立体效果。

B115

B239

7. 用深蓝色马克笔 B115 代替黑色勾线笔，依次勾出上眼线、瞳孔、眼睛轮廓、鼻孔、嘴唇闭合线、嘴唇轮廓、头发轮廓、服装和配饰等的轮廓；然后用白色颜料绘制高光，画出眼睛、鼻子、嘴唇、头发、服装和配饰等的高光。

8. 用淡蓝色马克笔 B239 添加背景色，用马克笔的斜头竖向快速铺满，下笔时保持笔触流畅，可以在接近头部外轮廓边缘的位置适当停顿，尽量不要涂到面部。

小贴士　　①想要画出过渡自然的皮肤，需要在同一个位置用多个颜色反复上色，才能达到想要的效果。
②画嘴唇暗部时，要保留部分嘴唇的底色，不要用深色将底色全部覆盖掉。

3.2.2 微侧头部中分直发发型

| R373 | RV363 | BG82 | R381 | RV209 | E435 | R375 | RV135 | R147 | BG107 | B115 | BV109 |

完整色卡展示

1. 用紫色铅笔起型，先确定头部在纸上的大小和位置，然后大致画出头部的轮廓，再细化五官和头发。起型时不用画出明暗关系，把结构线画清楚即可。

R373

2. 直接在线稿的基础上用浅肤色马克笔 R373 填充皮肤底色，参考范例中的画面效果用软头马克笔按照脸部的结构进行上色，运笔时注意力度和方向。

> **小贴士**
> ①用马克笔直接在彩色线稿上上色时，彩色铅芯会附着在马克笔的笔尖上，再起笔时容易弄脏画面。因此在上色时需要特别注意，应尽量避免笔尖沾到彩色铅芯。
> ②步骤 2 中的皮肤底色也可以用平涂的方式填满，再用圆头叠加一层头部、五官和颈部的暗部。

RV363

3. 用常用的肤色马克笔 RV363 在步骤 2 的基础上继续加深皮肤暗部的颜色，然后用软头依次画出眼睛、鼻子、下嘴唇、耳朵、颧骨、颈部和锁骨的阴影。内眼角与鼻根两侧的连接处也是暗部区域，颜色也要加深。

BG82

RV209

R381

E435

4. 用蓝绿色马克笔 BG82 绘制眼球和衣服，然后用深肤色马克笔 RV209 填充嘴唇颜色并继续深入刻画皮肤的暗部区域，主要加深眼窝、鼻底、颧骨、耳朵和颈部等；再用红色马克笔 R381 分别给眼角、嘴唇和颈部上色，用来增强模特的妆容效果；最后用棕色马克笔 E435 填充头发底色，填充时要注意画面的留白，具体留白位置可以参考步骤图。

R375

RV135

R147

BG107

B115

5. 选择 R373 和 RV363 的中间色 R375 作为皮肤的过渡色，反复上色，让皮肤看起来过渡更加自然；然后用深紫红色马克笔 RV135 分别勾出眼睛、鼻子、嘴唇、耳朵和脸部的轮廓；再用红色马克笔 R147 刻画头发的暗部并绘制嘴唇的暗部，用蓝绿色马克笔 BG107 绘制衣服的暗部。

6. 用深蓝色马克笔 B115 刻画头部和服装的整体轮廓，以增强画面的对比。

BV109

7. 添加高光。先用白色颜料画出眼睛、鼻子、嘴唇、头发和衣服等的高光，然后用白色颜料在外眼角和头发上添加一些装饰性的白色高光点。

8. 用蓝紫色马克笔 BV109 添加背景，也可以更换成自己喜欢的颜色，但要注意画面整体的色彩搭配。

小贴士

①外眼角和头发上的白色高光点并不是高光，只是起到装饰作用。画白色高光点时要注意它的分布，白色高光点不能太多或者太密集，否则会影响整体画面的美感。

②模特头部略微向下倾斜，"三庭五眼"的比例会发生变化——上庭最大，中庭居中，下庭最小。上一个范例中的模特情况刚好相反，其头部略微向上仰，上庭最小，中庭居中，下庭最大。

3.2.3 微侧头部中分卷发发型

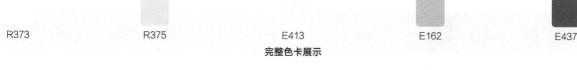

R373   R375   E413   E162   E437

完整色卡展示

1. 用黑色铅笔起型，先确定模特头部和上半身在纸张上的大概位置，注意预留出头饰的位置；然后根据起型时确定的位置大致画出头部和身体的轮廓，再细化五官、头发和服装。

2. 用慕娜美咖啡色硬头勾线笔勾出头部、颈部和手臂的轮廓，再用白金牌咖啡色软头勾线笔勾出头发和服装的轮廓。

小贴士

①用软头勾线笔勾线时要注意运笔的力度和方向。

②如果是先勾线后上色，上色前需要擦掉所有的铅笔笔迹，以保持画面整洁。

R373

R375

3. 用浅肤色马克笔 R373 填充皮肤底色，然后用浅肤色马克笔 R375 加深皮肤暗部，主要加深眼窝、鼻侧、鼻底、嘴唇、颧骨、颈部、肩头、胸部和腋下等位置。

E413

4. 范例中的背景是用 COPIC 宽头马克笔填充的，也可以使用法卡勒三代浅棕色马克笔 E413 代替，继续用 E413 填充服装颜色；然后用黑色彩铅 499、赭石色彩铅 478、印度红彩铅 492 和庞贝红彩铅 491 深入刻画头部和五官细节。

E162

E437

5. 用棕色马克笔 E162 加深头发暗部,然后画出服装上的竖向条纹和头饰上的星星图案。

6. 用黑色软头勾线笔和深棕色马克笔 E437 加深头发、服装和头饰等。

7. 绘制眼睛、鼻子、嘴唇和头发等的高光,然后用金色油漆笔刻画脸颊上的装饰图案。头饰和服装也要用金色油漆笔点缀,以表现出闪闪发光的感觉。

3.3 3/4 侧头部绘制方法

3/4 侧头部经常出现在半身像和时装插画中，画 3/4 侧头部时要先确定头部的中心线，然后以中心线为参考画出左右两侧的脸和五官。3/4 侧头部受透视关系的影响非常明显，一定要将五官近大远小的感觉表现出来。

3.3.1 3/4 侧头部戴帽子齐肩发型

R373　RV363　E407　RV128　YG443　RV209　YG456　E174　RV152　R358　R354　R355　R153　YG21　BG309　BG85

完整色卡展示

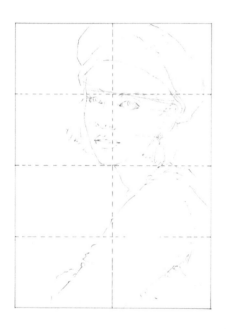

1. 为了方便参考，画图前可以先在纸上画一些辅助线，在辅助线的基础上画出头部、五官、耳饰、颈部、帽子和衣服等的轮廓。

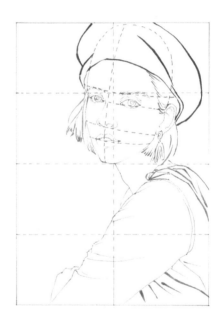

2. 用 COPIC 0.05mm 棕色硬头勾线笔勾出五官、脸部、颈部和上臂处服装的轮廓，然后用白金牌咖啡色软头勾线笔勾出头发的轮廓，帽子、耳饰和衣服的轮廓用吴竹彩色勾线笔勾线，如果没有也可以用白金牌咖啡色软头勾线笔代替。

小贴士

①辅助线的位置可以根据实际情况调整，最开始练习时辅助线可以多画一些，熟练后再逐渐减少。

②彩色软头勾线笔用得相对较少，画图前期不需要准备。

R373

RV363

E407

3. 用浅肤色马克笔 R373 的斜头横向快速地铺满头部、颈部，并用作浅色衣服的底色，笔触之间不用刻意留白。

4. 绘制皮肤暗部颜色，用肤色马克笔 RV363 的软头依次刻画眼窝、鼻孔、鼻底、嘴唇、耳朵、颈部及帽子在头部所形成的阴影；然后用浅棕色马克笔 E407 填充头发底色。因为 E407 的颜色比较浅，所以可以直接平涂，画面不用刻意留白。

小贴士 皮肤色是画服装设计效果图时最常用的一种颜色，也是平时消耗最多的颜色之一。市面上有很多品牌的马克笔都有补充墨水，设计师可以单独购买具体色号的补充墨水。

RV128

R373

YG443

RV363

RV209

YG456

5. 用淡粉色马克笔 RV128 和浅肤色马克笔 R373 两个颜色作为皮肤的过渡色，然后用淡粉色马克笔 RV128 绘制里层衣服的暗部，再用墨绿色马克笔 YG443 填充耳坠和外层衣服的颜色。

6. 加深皮肤暗部。先用肤色马克笔 RV363 加深眼窝、鼻孔、鼻底、嘴唇、耳朵、颈部及帽子与头部衔接处所形成的阴影；然后用深肤色马克笔 RV209 加深一遍皮肤暗部；再用墨绿色马克笔 YG456 绘制耳坠和外层衣服的暗部。

E174

RV152

R358

R354

R355

R153

YG21

7. 用红棕色马克笔 E174 整体刻画头发的暗部，再用深紫红色马克笔 RV152 加深上眼线、鼻孔、嘴唇闭合线和耳朵轮廓线。在为红色帽子上色前，先确定帽子的明暗关系——左侧最亮，中间过渡，右侧最暗，然后用红色马克笔 R358 画出帽子左侧的亮部区域。

8. 用红色马克笔 R354 填充帽子中间的过渡部分，然后用暗红色马克笔 R355 填充帽子的暗部和画出里层衣服上的印花图案，再用深红色马克笔 R153 加深嘴唇暗部和头发，最后用黄绿色马克笔 YG21 加深外层衣服和耳坠的暗部。

BG309

BG85

9. 绘制高光。用白色颜料或者高光笔分别在模特的眼球、内眼角、外眼角、下眼线、嘴唇、鼻子、眉毛、耳朵、头发、耳坠和衣服等位置绘制高光，以提亮整体画面，增强画面效果。

10. 添加背景色。范例中左侧背景色选用的是蓝绿色马克笔 BG309，右侧背景色选用的是稍微深一些的蓝绿色马克笔 BG85。背景色的添加可以用一种颜色完成，也可以用多种颜色组合完成。

3.3.2 3/4 侧头部中分齐肩发型

R373	R374	E407	R375	YG443	YG456	R380	R143	B111	SG476	E408	B243	B115	R153	SG479	BG102

完整色卡展示

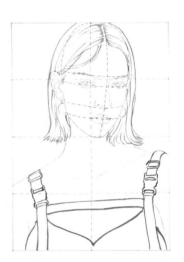

1. 　先画辅助线，然后用铅笔简单地勾勒出模特的大致轮廓，整体比例确认无误后再细化头部和身体的轮廓。

2. 　用 COPIC 0.05mm 棕色硬头勾线笔分别勾出五官、脸部、耳坠、颈部和锁骨的轮廓，然后用白金牌咖啡色软头勾线笔勾勒出头发的轮廓，蓝色衣服的轮廓也可以用黑色软头勾线笔勾勒。

> **小贴士**
> ①线稿起型非常重要，线稿的好坏决定了最终效果图的表现，线稿出错一定要及时修正。
> ②起型时注意头部、颈部和肩膀之间的比例关系。先确认头部在画面中的位置和大小，然后以头部为参考找到其他部位在画面中的具体位置。

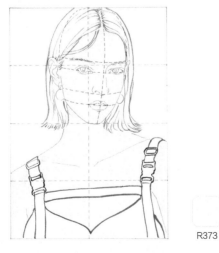

R373

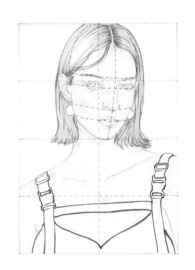

R374

E407

3. 　用浅肤色马克笔 R373 的斜头快速涂满皮肤底色，笔触之间不用留白，然后用软头加深一层皮肤暗部。

4. 　用浅肤色马克笔 R374 继续加深皮肤暗部，然后用浅棕色马克笔 E407 填充头发颜色。

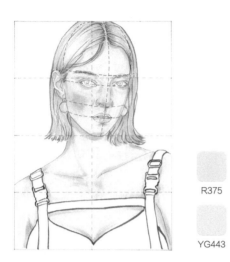

R375

YG443

YG456

R380

R143

R373

B111

SG476

5. 用肤色马克笔 R375 再次加深皮肤暗部，主要集中在眉毛、颧骨、眼窝、鼻子、嘴唇、耳朵、颈部、锁骨、肩部、胸部和腋下的暗部区域，然后用墨绿色马克笔 YG443 填充两侧耳坠的颜色。

6. 用黄绿色马克笔 YG456 加深耳坠暗部，然后用红色马克笔 R380 和 R143 逐步加深皮肤暗部。如果画面中的颜色对比过于明显，也可以再次用 R373 过渡。用蓝色马克笔 B111 填充衣服底色，再用银灰色马克笔 SG476 填充衣服肩带上塑料扣的颜色。

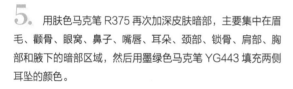

小贴士　绘制耳坠暗部颜色时，可以用画点的方式进行添加，不用将画面全部涂满，最好露出部分耳坠底层的颜色，这样层次更加丰富。

E408

B243

B115

R153

SG479

7. 用棕色马克笔 E408 绘制头发暗部，然后用蓝色马克笔 B243 绘制衣服暗部，再用深蓝色马克笔 B115 勾出上眼线、瞳孔、脸部侧面线条及部分头发的轮廓线。

8. 选择比前面使用的两个头发颜色更深的颜色 R153 加深头发暗部，颜色主要集中在头发的分缝位置、耳朵的上方和下方、发尾；然后用银灰色马克笔 SG479 加深肩带位置的塑料扣暗部。

BG102

9. 绘制高光。先在瞳孔位置点缀高光，然后在眼角周围点缀一些小的高光点，这样可以衬托出眼睛闪闪发亮的感觉；再用高光笔画出眉毛、鼻子、嘴唇、头发、耳坠和衣服上的高光。

10. 用蓝绿色马克笔 BG102 添加背景色，直接用马克笔的斜头竖向整齐排线。如果画图过程中将线条画歪了，先不要停笔或者反复涂抹，整体画完之后再进行调整；如果笔触之间的空隙较大，可以根据空隙的形状单独补充一笔。

3.3.3 3/4 侧头部中分短发发型

R373	R368	RV131	RV363	RV130	RV209	RV339	RG82	BV317	V127	BV109	V332

完整色卡展示

1. 用铅笔起型，先画出头部和身体的大轮廓，然后细化五官、头发和服饰的轮廓。

2. 用 COPIC 0.05mm 棕色硬头勾线笔勾出头部、颈部、耳坠和打底衣服的轮廓，然后用黑色软头勾线笔勾出头发和吊带上衣的轮廓。勾头发时注意发丝的延伸方向，从发缝位置向两侧画线。

小贴士 ①黑色铅笔和彩色铅笔的画法相同，我们可以在铅笔稿的基础上直接上色，也可以先勾线后上色。书中对两种方法都进行了示范，可以分别尝试一下再选择适合自己的方式。
②黑色勾线笔一般用来勾深色头发或者服装的轮廓，它的优点在于上色后线条依然清晰可见，不会被马克笔的笔迹遮盖。

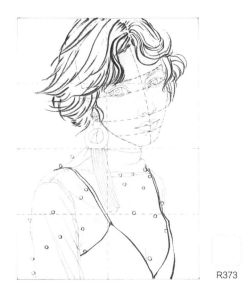

R373

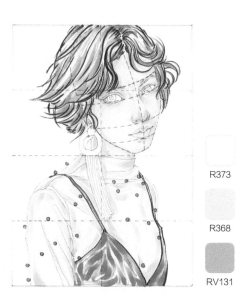

R373

R368

RV131

3. 填充皮肤底色。因为模特里面穿的是一件半透明肤色的打底衣，所以填充皮肤底色时可以一起上色。直接用浅肤色马克笔 R373 的斜头快速涂满所有皮肤，笔触之间不用留白。

4. 用浅肤色马克笔 R373 的软头加深皮肤暗部，然后用偏粉一些的红色马克笔 R368 再加深皮肤暗部，再用紫红色马克笔 RV131 大面积填充头发底色和吊带上衣的颜色。

RV363

RV130

RV209

RV339

RG82

BV317

5. 用肤色马克笔 RV363 继续叠加皮肤的暗部，主要加深眼窝、鼻子、嘴唇、颈部和半透明打底衣的暗部；然后用紫红色马克笔 RV130 绘制头发、珍珠和吊带上衣的暗部，并填充眉毛的颜色。

6. 用深肤色马克笔 RV209 加深皮肤和嘴唇暗部；然后用淡粉色马克笔 RV339 作为皮肤的过渡色，让皮肤看起来更自然；再用蓝绿色马克笔 RG82 填充眼球的颜色；最后用蓝紫色马克笔 BV317 填充耳坠颜色。

V127

BV109

7. 用深紫色马克笔 V127 加深整体轮廓及头发暗部。把 V127 当成一支软头勾线笔，先描出上眼线、下眼线、双眼皮褶皱和眉毛，再勾出鼻孔、嘴唇闭合线以及每粒珍珠的圆形轮廓，然后加深瞳孔、头发的分缝位置、头发侧面的暗部区域和吊带上衣暗部。用蓝紫色马克笔 BV109 填充耳坠底色。为了让整幅画面看起来更加和谐，在衣服和头发上也可以少量添加蓝紫色线条。

8. 添加高光。除了在五官、头发和衣服表面正常添加高光点和高光线以外，还需要绘制每粒珍珠的高光，让珍珠看起来更加立体。

小贴士 绘制高光的常用工具主要有高光笔、涂改液和白色颜料。如果在上色的过程中用了很多彩铅笔作为辅助，可以选用白色颜料或者涂改液绘制高光，因为高光笔在彩铅上不容易上色；如果用马克笔上色，那么这 3 种绘制高光的工具都可以使用。

V332

9. 添加背景。为了让整体画面看起来更加和谐，选用了同色系的淡紫色马克笔 V332 绘制背景。

3.4 正侧头部绘制方法

正侧是所有头部角度中最难表现的，绘制正侧头部除了要掌握"三庭五眼"的基础知识外，还需要对五官结构非常了解，尤其是要了解眼睛、鼻子和嘴唇的结构。画正侧头部图时需要注意额头、鼻根、鼻底、人中、嘴唇和下巴的侧面轮廓线，要把这些部位的凹凸变化画出来，并确保各部位的结构比例正确。

3.4.1 正侧头部束发发型

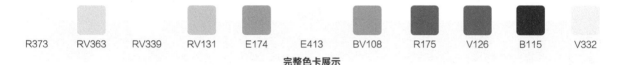

R373 RV363 RV339 RV131 E174 E413 BV108 R175 V126 B115 V332

完整色卡展示

R373

1. 绘制线稿。先观察头部的特点，模特的头部为正侧角度并上仰，纵向"三庭"的比例不变，先找到眉毛、眼睛、鼻子、嘴唇和下巴的位置，再画出耳朵、颈部、头发、耳坠和衣服的轮廓。

2. 在线稿上直接上色。用浅肤色马克笔 R373 的软头填充皮肤底色。范例中所展示的画面效果是用软头笔尖根据脸部的结构上色得到的，运笔时注意力度和方向。模特正侧头部的颧骨结构非常突出，绘制时要适当加深颧骨的颜色。

> **小贴士** 画正侧头部时，先确定头部的大小，然后根据头部的大小确定耳朵的位置，再参考耳朵的位置画出其他各部位的轮廓。耳朵位于头部纵向的中间位置，内侧脸部轮廓的边缘超出头部纵向的中心线，也就是说，正侧角度下面部在画面中的占比比后脑勺的占比大。

RV363

RV339

3. 正侧角度下，模特脸颊为亮部区域，颈部和五官为暗部区域。用肤色马克笔 RV363 的软头在上一步的基础上加深皮肤暗部，并依次画出眼睛、鼻子、嘴唇、耳朵、下巴和颈部处的阴影，然后用淡粉色马克笔 RV339 在皮肤底色 R373 和皮肤暗部色 RV363 之间过渡。

RV131

E174

E413

BV108

4. 深入刻画五官。用紫红色马克笔 RV131 加深五官轮廓，主要强调眉毛、眼睛、鼻底、嘴唇和耳朵等位置；然后用浅棕色马克笔 E174 绘制头发的底色，笔触之间可以留白；再用浅棕色马克笔 E413 填充衣服的颜色，注意要顺着身体的结构上色；最后用蓝紫色马克笔 BV108 填充耳坠和衣服领口的颜色。

R175

V126

5. 用暗红色马克笔 R175 加深五官轮廓、衣服暗部和头发暗部，头发暗部线条的方向要和发丝延伸方向保持一致；然后用深紫色马克笔 V126 绘制耳坠、领口及衣服上的装饰图案。

B115

6. 画面中以浅色为主，缺少重色，下面来调整画面整体效果。用深蓝色马克笔 B115 加深整体，增强画面的对比，然后描出耳朵、眉毛、眼线、鼻孔、嘴唇闭合线和下巴的轮廓。

小贴士 束发是一种常见的发型，在平时画图中也经常出现。想要画好这种发型，需要处理好发际线的位置，不要将发际线画得特别整齐，也不要用一根完整的弧线表现；可以顺着发丝延伸方向表现，同时注意线条之间的疏密变化。

V332

7. 添加高光，高光主要集中在五官、头发和衣服上。五官的比例很小，添加高光时需要特别注意高光的面积，尽量用笔尖最细的地方画；头发和衣服上的高光用长一些的高光线条来表现。最后用画点的形式添加头发、衣服上的图案和耳坠上的高光。

8. 用淡紫色马克笔 V332 添加背景色。

> 小贴士　背景的上色方法有很多种，除了范例呈现的效果以外，还可以进行多种不同的尝试，例如，可以在背景上增加一些简单的小图案，也可以在背景两侧画上不同的颜色。

3.4.2 正侧头部寸发发型

| RV363 | RV209 | R143 | YR167 | R148 | RV152 | B115 | YR362 |

完整色卡展示

RV363

1. 绘制线稿。该范例中模特的头部上仰，角度和正侧头部束发发型中的角度相似。先确定头部和身体在画面中的大概位置，然后逐步修正轮廓的形状，再绘制五官和衣服的轮廓。

2. 绘制黑色皮肤底色。在颜色的选择上要和前面的范例进行区分，可以用平时画皮肤暗部的颜色 RV363 绘制黑色皮肤底色，上色方法相同，只是颜色变深了。

> 小贴士　①如果对范例中使用的上色技巧不熟练，可以先用平涂的方式填充皮肤底色，再用高光笔把留白的位置描出来。
> ②不同肤色的上色技巧相同，只是颜色的选择不同。

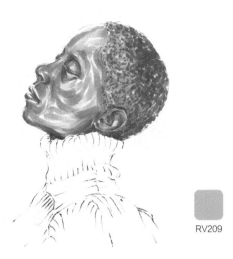

RV209

3. 皮肤底色变深后，暗部颜色也要一起变深。用紫红色马克笔 RV209 加深皮肤的暗部，主要加深眼窝、鼻底、嘴唇、下巴、耳朵和头发的暗部。

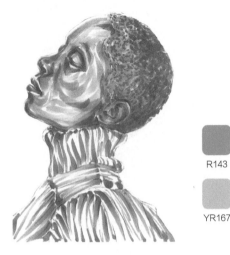

R143

YR167

4. 加深皮肤的暗部，用红色马克笔 R143 依次加深眼窝、鼻翼、人中、唇角、下巴和耳朵的暗部；然后用同一支马克笔添加针织上衣的颜色，可以根据针织面料的纹路方向上色，颈部、前片和袖子用竖向的线条绘制，肩膀位置用横向的线条绘制，线条之间要留白；再用橘红色马克笔 YR167 在五官和头发位置添加少量的颜色以衬托皮肤。

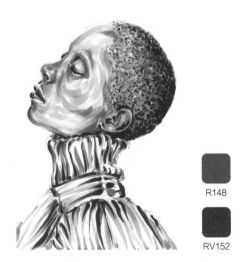

R148

RV152

5. 用暗红色马克笔 R148 加深五官、头发和针织上衣的暗部，然后用深紫红色马克笔 RV152 勾勒出眼睛闭合线、鼻孔轮廓、嘴唇闭合线、耳朵轮廓，并绘制头发的暗部。

B115

6. 用深蓝色马克笔 B115 再加深眼睛闭合线、鼻孔轮廓、嘴唇闭合线、耳朵轮廓，以及耳朵和针织上衣衔接处等位置。

小贴士 为短发上色时要注意控制线条的长短，线条的长短代表了头发的长短。因为范例中模特的头发非常短，所以可以用点的形式表现，颜色由浅及深，通过多次反复上色，最终得到画面中的效果。

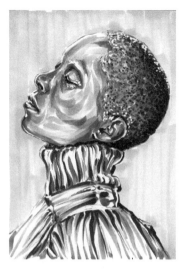

YR362

7. 添加高光。先用白色颜料画出眼睛周围的高光，外眼角处可以多画一些高光点作为装饰；然后画出鼻底和人中的高光；再画出上唇和下唇的高光，并画出耳朵和头发上的高光。针织上衣本身的留白很多，所以不需要画高光。

8. 用橘红色马克笔 YR362 绘制背景，用马克笔的斜头竖向均匀上色，笔触之间不用刻意留白，画到头部边缘时可以停顿。如果笔触和头部边缘没有完全贴合，出现部分空白区域，后面单独补上即可。

3.4.3 正侧头部蓬松束发发型

R373　　R375　　E407　　RV363　　RV131　　RV152　　R143　　E408　　BG82　　V121　　G79

完整色卡展示

R373

1. 绘制线稿。先用紫色铅笔在画纸上标注出头部和身体的大致位置，然后逐步进行调整，再细化五官、头发和衣服的轮廓。

2. 在线稿上直接上色，用浅肤色马克笔 R373 填充皮肤底色，根据脸部结构上色。运笔时注意力度和方向，可以在皮肤暗部的位置加重下笔的力度（如眼窝和颧骨的位置）。

| R375 | | E407 | RV363 | RV131 | RV152 | R143 | E408 | BG82 |

3. 用肤色马克笔 R375 加深皮肤的暗部，包括五官、颈部和肩部等的暗部。上色时具体的笔触长短和方向可以参考上图。颈部的阴影区域主要集中在耳朵的下方和下巴的下方。

4. 用浅棕色马克笔 E407 填充头发的颜色，从发际线的位置开始填充，顺着发丝的延伸方向上色；然后用紫红色马克笔 RV363 和 RV131 逐步加深皮肤的暗部；最后用深紫红色马克笔 RV152 勾勒眉毛、眼部、鼻孔、嘴唇闭合线、头发及衣服的装饰。

5. 用红色马克笔 R143 加深皮肤的暗部，主要加深眼窝、鼻底、鼻翼、嘴唇、下巴、耳朵、颈部、肩膀、背部等的暗部；然后用棕色马克笔 E408 加深头发的暗部，用蓝绿色马克笔 BG82 绘制眼球的颜色。

> **小贴士** 画面中皮肤颜色的层次越多，过渡越自然。绘画者可以在步骤 5 的基础上继续用浅肤色马克笔 R373 和 R375 绘制皮肤的过渡色，以减小明暗对比。保留步骤 5 中的皮肤效果也是可以的。

| V121 | | | | G79 |

6. 用深紫色马克笔 V121 代替软头勾线笔进行勾线，再加深上眼线、下眼线、眼睫毛、鼻孔、嘴唇闭合线、耳朵轮廓线、服装轮廓线和头发暗部线条等，以起到强调的作用。

7. 添加高光。先用白色颜料画出眼睛周围的高光，外眼角可以多画一些装饰性的高光点；然后画出眉毛、鼻底、人中、嘴唇、下巴和头发等的高光，耳朵后面与颈部衔接的位置也可以画一些高光点。

8. 用绿色马克笔 G79 竖向平涂上色，以绘制出背景。

四肢绘制方法

四肢是人体的重要组成部分，包括双手和双脚。想要画出好的服装设计效果图，必须先了解四肢的结构和画法。下面分别对四肢的结构和上色技巧进行详细的说明。

3.5.1 手部的绘制

手是由手掌、手指和手腕组成的。手的长度小于 1 个头长，大致等于发际线到下巴的距离。在服装设计效果图中，手的比例会适当加长。手指的绘制是最难掌握的，每只手有 5 根手指，除大拇指只有 2 段指节以外，其他 4 根手指都有 3 段指节，画图时要特别注意。

1. 画出手部的大致轮廓，可以将手掌简化成倒梯形，手臂简化成梯形。从手指开始画，先画小指和无名指，再画中指、被遮挡了部分的食指和大拇指，手指都画好后再画手掌和手腕。

2. 填充皮肤底色，用法卡勒三代浅肤色马克笔 R373 或者 COPIC 浅肤色马克笔 R000 均匀地填充。

> **小贴士**
> ①范例用的是紫色铅笔，线稿画好后可以直接上色。如果用的是黑色铅笔，建议先勾线、再上色。
> ②马克笔直接在紫色铅笔的线稿上上色时，笔尖要尽量避开铅笔线条，否则容易弄脏画面。

3. 用法卡勒三代肤色马克笔 R375 或 COPIC 浅肤色马克笔 R01 绘制皮肤的暗部，主要加深指节连接和手指弯曲的位置、手心被遮挡的位置，刻画出手掌两侧的厚度及手臂侧面的厚度。

4. 用步骤 2 中使用的浅色马克笔在画面中画出颜色过渡，以减弱画面中皮肤的明暗对比，让画面看起来更加和谐。

> **小贴士**
> 用浅色马克笔画皮肤颜色的过渡时，可以在深色和浅色之间反复上色，使画面中的皮肤颜色过渡自然。这种方法在后面几章的全身服装设计效果图中会经常用到，一定要掌握。

手部绘制练习

> **小贴士**
> ①观察左侧的手部背面图，手指和手掌的纵向高度差不多，手背上的 4 个箭头分别对应 4 根手指。其中中指最长，小指最短，手指张开时手部整体呈扇形。
> ②画弯曲的手的侧面时，一定要将大拇指的 2 段指节和其他 4 根手指的 3 段指节画出来。
> ③指甲位于每根手指背一侧指节的末端，宽度小于指节的宽度。
> ④握拳时手指向手心弯曲，手部整体小于手指张开状态时。手指的长度由手指实际弯曲的角度决定。

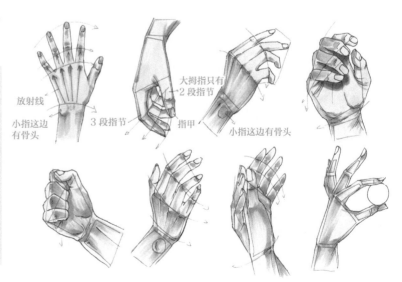

3.5.2 脚部的绘制

脚部是由脚后跟、脚掌、脚趾、脚背和脚踝组成的，画图时要将每个关键点都表现出来，尤其是脚掌的厚度。画脚部正面图时也要特别注意表现出这些关键点，正面图的脚部形态不像侧面图那么清晰，因此经常被忽略。

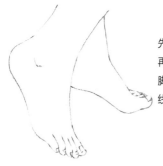

1. 画出两只脚的轮廓。先确定画面中右脚的轮廓，再根据右脚的位置画出左脚的轮廓。被遮挡的脚部线条不用画出来。

2. 填充皮肤底色。用法卡勒三代浅肤色马克笔R373 或者 COPIC 浅肤色马克笔 R000 都可以，将画面均匀涂满。

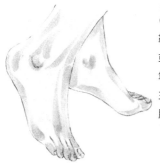

3. 刻画暗部。用法卡勒三代肤色马克笔 R375 或者 COPIC 浅肤色马克笔 R01 刻画皮肤的暗部，主要加深脚后跟、脚掌、脚趾、脚背和脚踝的暗部。

4. 用浅肤色马克笔对皮肤颜色进行过渡，直接在皮肤的底色和暗部色之间反复上色，让画面看起来更加协调。

脚部绘制练习

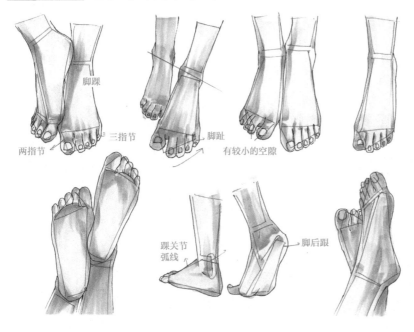

脚踝

三指节 脚趾

两指节 有较小的空隙

踝关节弧线 脚后跟

小贴士

①起型时可以先将脚部大体划分为几个简单的几何体：脚面可以简化成一个梯形，脚趾大都可以简化成倒三角形，小腿可以简化成倒梯形。

②第 2 根脚趾和大脚趾之间存在一些空隙，画图时需要注意两根脚趾之间的距离。

③正面角度的脚踝轮廓很明显，内侧的脚踝位置高于外侧的脚踝位置。

3.5.3 手臂和腿部的绘制

手臂由上臂、手肘和下臂组成。服装设计效果图中常用的是正面自然下垂状态和前后摆动状态的手臂，绘画者可以根据实际需求进行重点练习。腿部可以分成大腿、膝盖和小腿 3 个部分，服装设计效果图中大腿和小腿的长度相同，膝盖位于两者中间。

手臂的绘制方法

1. 按照从上到下的顺序绘制手臂轮廓。先画出和肩部连接的手臂外侧弧线，然后画出上臂、手肘和下臂的轮廓线。

2. 填充皮肤底色。用法卡勒三代浅肤色马克笔 R373 或者 COPIC 浅肤色马克笔 R000 竖向填充皮肤底色。

3. 加深皮肤暗部。用法卡勒三代肤色马克笔 R375 或者 COPIC 浅肤色马克笔 R01 加深手臂两侧和手肘位置等的暗部。

4. 用浅肤色马克笔进行皮肤颜色的过渡。直接在皮肤的底色和暗部色之间反复涂色，让画面看起来更加和谐。

> **小贴士** 范例中用的皮肤色 R373 和 R375 特别适合画白色皮肤的亮部和暗部，黄色皮肤可以用法卡勒三代的棕色 E413 和 E415，黑色皮肤可以用法卡勒三代的 RV363 和 RV209 来画。大家也可以尝试不同的色彩组合。

腿部的绘制方法

1. 确定两条腿之间的关系，然后根据近大远小的透视原理，分别画出模特的右腿和左腿，并标注出膝盖。

2. 填充皮肤底色。用法卡勒三代浅肤色马克笔 R373 或者 COPIC 浅肤色马克笔 R000 顺着腿部的结构竖向上色。

3. 加深暗部。用法卡勒三代肤色马克笔 R375 或者 COPIC 浅肤色马克笔 R01 加深大腿根部、膝盖和脚部位置的颜色，以及大腿和小腿两侧边缘位置的颜色。

4. 用浅肤色马克笔在腿部的底色和暗部色之间进行过渡，让画面看起来更加和谐。

小贴士

①辅助腿的小腿在重心腿的后面且向后弯曲，整体均为暗部，上色时需整体加深颜色。
②辅助腿的膝盖位置低于重心腿的膝盖位置，起型时要多加注意。

手臂和腿部的绘制练习

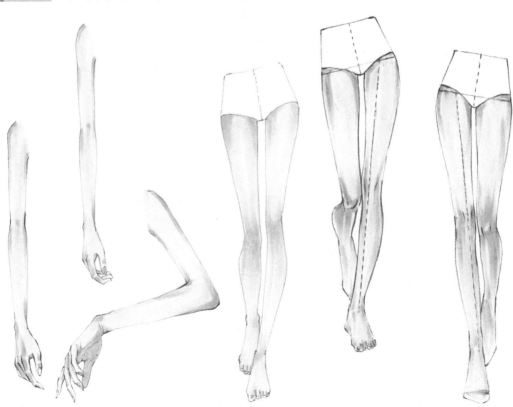

第04章

服装常见面料表现技法

VEGGA. Xiaobei
Alexander McQueen. Ready-To-Wear
Summer

服装有款式、色彩和面料3要素，其中面料是最基本的要素。所有服装都是用面料制成的，面料诠释了服装的风格和特点，并直接影响服装的色彩和造型。不同面料的特点不同，画服装面料前需要先了解面料的特点。服装面料包括服装主料和服装辅料，本章主要对常见的服装主料进行详细的讲解。

4.1 羽绒面料表现技法

羽绒是一种动物羽毛纤维，是呈花朵状的绒毛。羽绒上有很多细小的气孔，可以随着气温的变化膨胀和收缩，吸收热量并隔绝外界的冷空气。因此，羽绒一般被用来制作冬季穿着的羽绒服。羽绒服是主要的冬季服装，它的特点是面料轻盈、质感蓬松，表面带有绗缝线迹。

羽绒面料小样手绘表现

1 绘制线稿并勾线。

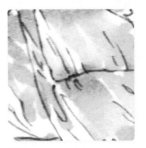

2 填充面料底色，画面中可以部分留白。

3 加深暗部，主要加深绗缝线和褶皱线位置的暗部。

4 用深色马克笔继续加深暗部并添加高光。

4.1.1 羽绒背带外套的表现

R373	RV363	PG39	RV209	PG40	PG42	BG82	CG270	191	Y224	E406	R355

Y6	YG456	Y226	CG271	E416	Y423	R142	E407	Y422	SG478	BG104

完整色卡展示

1. 绘制线稿。根据前面所学的人体动态知识，用铅笔在纸张的正中间画一幅标准的人体动态图，确保重心平稳。然后根据"三庭五眼"的比例画出模特的主要五官，再在人体轮廓的外侧画出服装的大致轮廓。

2. 细化线稿。先画出身体后面的羽绒服轮廓；然后画出羽绒服上的绗缝线和褶皱线，褶皱线在两条绗缝线中间；再画出针织帽边缘的竖向纹路及褶皱线、羽绒服肩带的轮廓以及吊裙的结构线。

①五官包含耳、鼻、目、口、舌，本书图中不一定全部画出，具体请参考步骤图。

3. 开始勾线。先用 COPIC 0.05mm 棕色勾线笔勾出主要五官、脸部、颈部、锁骨、胸部、手臂和手部的轮廓，然后用黑色软头勾线笔分别勾出帽子、吊裙、羽绒服、腿部和靴子的轮廓，以及羽绒服上的绗缝线和褶皱线等。

4. 填充皮肤底色。用 COPIC 浅肤色马克笔 R000 或者法卡勒三代浅肤色马克笔 R373 填充皮肤底色，填充时注意留出眼睛的位置，其余的地方可以均匀涂满。

5. 添加皮肤暗部色。用肤色马克笔 RV363 分别加深五官、颈部、锁骨、肩部、胸部、手臂和手部的暗部，然后用紫灰色马克笔 PG39 填充帽子和头发等的颜色。

6. 用法卡勒三代浅肤色马克笔 R373 在皮肤底色和暗部色之间铺一层过渡色，然后用深肤色马克笔 RV209 加深五官、颧骨、颈部、锁骨、腋下、手臂和手部等的暗部，再用紫灰色马克笔 PG40 加深针织帽和头发的暗部。

7. 深入刻画五官并添加吊裙颜色。先用黑色彩铅 499 刻画五官细节，再用印度红彩铅 492 加深裸露皮肤的暗部，然后用紫灰色马克笔 PG42 加深帽子和头发的暗部，最后用蓝绿色马克笔 BG82 填充眼球，并用冷灰色马克笔 CG270 填充吊裙的颜色。

8. 用黑色勾线笔再单独加深上眼线和瞳孔，然后用黑色马克笔 191 加深帽子和头发的暗部，再用黄色马克笔 Y224 和冷灰色马克笔 CG270 填充肩带和羽绒服的颜色（填充时画面中可以小面积留白）。

9. 用浅棕色马克笔 E406 填充靴子的颜色，然后用红色马克笔 R355 填充袜子的颜色，再用黄色马克笔 Y6 和黄绿色马克笔 YG456 绘制吊裙上的印花图案（图案不用画得特别精致，将大致感觉画出来即可）。

10. 用黄色马克笔 Y226 和冷灰色马克笔 CG271 加深羽绒服的暗部（暗部主要集中在绗缝线的两侧，绗缝线两侧颜色深、中间颜色浅，这样能显出羽绒服的厚度），然后用棕色马克笔 E416 加深靴子的暗部。

11. 用黄色马克笔Y423 加深羽绒服的暗部，然后用红色马克笔 R142 加深袜子的暗部，再用棕色马克笔 E407 绘制靴子的过渡色，以减弱靴子的明暗对比。

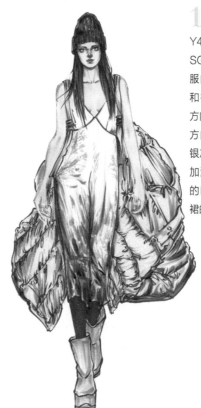

12. 用黄色马克笔Y422 和银灰色马克笔SG478 继续加深羽绒服的暗部，如绗缝线和褶皱线，注意上色方向和绗缝线、褶皱线方向要一致；然后用银灰色马克笔 SG478加深吊裙上印花图案的暗部，主要处理吊裙的下半部分。

13. 绘制高光。用樱花 0.8mm 高光笔绘制眼睛、鼻子和嘴唇上的高光；然后画出帽子、头发、吊裙、羽绒服、袜子和靴子等的高光。高光线条的长短可以根据实际情况而定。

14. 添加背景色。背景色是服装设计效果图的一部分，可以更好地衬托服装。先用浅一些的蓝绿色马克笔BG82 围绕身体的一侧上色，再用蓝绿色马克笔 BG104 在已上色部分的服装转折位置进行加深。

4.1.2 羽绒中长外套的表现

| R373 | RV363 | E428 | SG473 | Y390 | RV209 | B323 | Y2 | SG474 | B324 | B114 | Y17 | Y224 |

完整色卡展示

1. 绘制线稿。先画出一张标准的秀场服装人体动态图，然后画出头部和五官的轮廓，再以身体的动态线为参考画出里层衬衫和吊裙的轮廓，并画出腿部、袜子和鞋子的轮廓，最后画出外层羽绒外套和手拎包的轮廓。

2. 细化线稿。先画出羽绒外套、里层衬衫和吊裙的内部结构线和褶皱线，然后画出袜子边口的条纹和鞋带，以及手拎包的结构线和褶皱线。

3. 开始勾线。先用COPIC 0.05mm 棕色勾线笔勾出五官、头部、颈部、上臂和腿部的轮廓，然后用黑色软头勾线笔勾出帽子、衬衣领口、吊裙、羽绒外套、袜子、鞋子和手拎包的轮廓，再勾出羽绒外套和手拎包等所有的结构线和褶皱线。

4. 填充皮肤底色。用COPIC 浅肤色马克笔 R000 或者法卡勒三代浅肤色马克笔 R373 填充头部、颈部、上臂和大腿的皮肤底色，不需要强调笔触，均匀上色即可。

5. 添加皮肤暗部和部分服装的颜色。先用肤色马克笔RV363加深五官、颈部、上臂和大腿的暗部，然后用棕色马克笔 E428 填充头发的颜色，再用银灰色马克笔 SG473 填充里层衬衫和袜子的颜色。

6. 用黄色马克笔 Y390 小面积地填充帽子、里层衬衫和鞋子的部分区域，然后用同一支马克笔大面积地填充羽绒外套的颜色。

7. 用深肤色马克笔 RV209 再加深皮肤的暗部，然后用浅肤色马克笔 R373 在皮肤色和暗部色之间绘制过渡色；再用蓝色马克笔 B323 填充帽子、吊裙、袜口、鞋底和手拎包等的颜色。根据服装的结构，使用马克笔的斜头上色。

8. 用黄色马克笔 Y2 加深羽绒外套的暗部，主要加深绗缝线上下两侧和褶皱线等位置；然后用银灰色马克笔 SG474 加深袜子的暗部。

9. 用蓝色马克笔 B324 加深帽子、吊裙、袜口、鞋底和手拎包的暗部，然后用黑色彩铅 499 加深眉毛、上眼线、下眼线和瞳孔的颜色，再用印度红彩铅 492 加深外眼角、内眼角、鼻底和嘴唇的颜色。

10. 用深蓝色马克笔 B114 继续加深帽子、吊裙、袜口、鞋底、手拎包的暗部（加深腰部位置时要从腰部两侧边缘起笔向中间画线条，起笔时手腕用力，收笔时手腕放松，以画出有粗细变化的线条），再用黄色马克笔 Y17 加深羽绒外套的暗部。

11. 用蓝色马克笔 B324 在深蓝色 B114 和浅蓝色 B323 之间绘制过渡色，以减弱明暗对比，让画面看起来更和谐。

12. 绘制高光和装饰。先用高光笔绘制五官、里层衬衣、吊裙、羽绒外套、鞋子和手拎包的高光，然后用高光笔绘制针织帽子和针织袜子表层的竖向纹路，以及袜口上的英文字母。

Fenty × Puma Fall-Winter
Ready-to-Wear.
VEGGA

13. 添加背景色。先用黄色马克笔 Y224 紧挨着模特外侧进行上色，再用蓝色马克笔 B324 分别在羽绒外套的侧面和模特的脚底进行刻画，以增强画面效果。

Fenty × Puma Fall-Winter
Ready-to-Wear.
VEGGA

针织面料表现技法

针织是利用织针将纱线弯成圈相互串套而形成的织物，其质地松软，具有良好的抗皱性和透气性，并有较大的延伸性和弹性，现在主要被用来制作毛衣、内衣和运动服。画针织服装设计效果图时，我们需要将面料松软的感觉画出来，并按照一定的规律画出表层的纹路。

针织面料小样手绘表现

1 绘制线稿，然后用彩色勾线笔勾线。

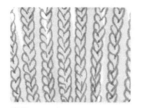

2 填充颜色，既可以均匀上色，也可以部分留白。

3 加深面料的暗部，主要是加深针织面料凹面的暗部。

4 用樱花 0.8mm 高光笔在表层添加高光。

4.2.1 针织拼接毛衣的表现

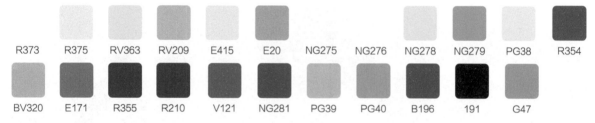

R373　R375　RV363　RV209　E415　E20　NG275　NG276　NG278　NG279　PG38　R354

BV320　E171　R355　R210　V121　NG281　PG39　PG40　B196　191　G47

完整色卡展示

1. 绘制线稿。根据前面所学的知识，用制作好的人体比例尺画出人体动态，在此基础上画出五官轮廓，然后画出帽子、针织拼接毛衣和鞋子的轮廓。

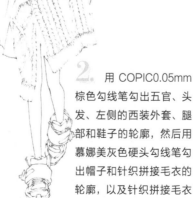

2. 用 COPIC0.05mm 棕色勾线笔勾出五官、头发、左侧的西装外套、腿部和鞋子的轮廓，然后用慕娜美灰色硬头勾线笔勾出帽子和针织拼接毛衣的轮廓，以及针织拼接毛衣的结构线。

3. 填充皮肤底色。用 COPIC 浅肤色马克笔 R000 或者法卡勒三代浅肤色马克笔 R373 填充头部和腿部皮肤的底色，注意上色要均匀。

4. 加深皮肤的暗部。先用 COPIC 浅肤色马克笔 R01 或者法卡勒三代浅肤色马克笔 R375 加深皮肤的暗部，然后用肤色马克笔 RV363 和 RV209 继续加深皮肤的暗部，主要加深内眼角、外眼角、鼻底、嘴唇、大腿、膝盖和小腿的暗部等。

5. 添加头发和外套的颜色，并深入刻画五官。先用棕色马克笔 E415 添加头发和西装外套的颜色，然后用黑色彩铅 499 加深上眼线、下眼线、瞳孔、鼻孔轮廓线和嘴唇闭合线，再用庞贝红彩铅 491 和熟褐色彩铅 476 深入刻画五官的细节，并适当加深大腿和小腿的颜色。

6. 加深头发和外套的暗部。用棕色马克笔 E20 分别加深头顶、鬓角内侧、袖窿线、腋下和袖口的暗部及小部分鞋面。

7. 添加帽子的颜色。先用中灰色马克笔 NG275 添加帽子的底色，然后用中灰色马克笔 NG276 加深暗部，再用深灰色马克笔 NG278 和 NG279 继续加深暗部，颜色由浅到深逐层叠加。

8. 添加针织拼接毛衣和鞋子的颜色。先用紫灰色马克笔 PG38 添加针织拼接毛衣的颜色，然后用红色马克笔 R354 和蓝紫色马克笔 BV320 添加鞋子的颜色。

9. 加深头发、西装外套和鞋子的暗部。先用深棕色马克笔 E171 加深头发和西装外套的暗部，然后用慕娜美咖啡色硬头勾线笔绘制西装外套的纹理，再用红色马克笔 R355、暗红色马克笔 R210 和深紫色马克笔 V121 加深鞋子的暗部。

10. 加深帽子、针织拼接毛衣和鞋子的暗部。先用中灰色马克笔 NG281 加深帽子的暗部，然后用紫灰色马克笔 PG39 和 PG40 加深针织拼接毛衣的暗部，再用深蓝色马克笔 B196 加深鞋子的暗部。

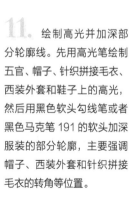

11. 绘制高光并加深部分轮廓线。先用高光笔绘制五官、帽子、针织拼接毛衣、西装外套和鞋子上的高光，然后用黑色软头勾线笔或者黑色马克笔 191 的软头加深服装的部分轮廓，主要强调帽子、西装外套和针织拼接毛衣的转角等位置。

12. 添加背景色。用绿色马克笔 G47 在画面的适当位置绘制背景，并在服装、鞋子等部位适当渲染。

VEGGA.

Maison Margiela
Ready-to-Wear.

ison Margiela
Ready-to-Wear.

VEO

4.2.2 针织镂空毛衣的表现

| E413 | RV363 | E435 | RV209 | BV108 | BG82 | E436 | B327 | V332 | V127 | V334 | B196 | V126 | BG62 | BG106 |

完整色卡展示

1. 绘制线稿。先用铅笔在纸上画出人体动态图，然后参考"三庭五眼"的比例位置画出五官的轮廓及头发，再参考人体动态图画出帽子、针织镂空毛衣和靴子的轮廓。

2. 绘制针织镂空毛衣的结构。添加针织镂空毛衣的纹理线（竖向画领口、袖口、底摆和前片中心的纹理线，斜向画袖子和前片两侧的纹理线）。

3. 开始勾线。先用COPIC 0.05mm 棕色勾线笔勾出五官、脸部、头发、腿部和针织镂空毛衣的轮廓，然后用黑色软头勾线笔勾出帽子和靴子的轮廓，勾线时注意线条的粗细变化。

4. 填充皮肤底色。用棕色马克笔 E413 填充头部和腿部皮肤的底色；针织镂空毛衣的前片有一些露出皮肤的镂空洞眼，填充皮肤底色时记得一起上色。

5. 加深皮肤暗部并填充头发的颜色。先用肤色马克笔 RV363 加深五官和腿的暗部，然后用棕色马克笔 E435 竖向顺着发丝的方向上色，注意部分位置要留白。

6. 加深皮肤暗部，并填充帽子和靴子的颜色。先用深肤色马克笔 RV209 加深皮肤暗部，然后用蓝紫色马克笔 BV108 填充帽子和靴子的颜色，填充时注意留白。

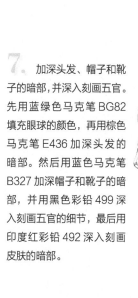

7. 加深头发、帽子和靴子的暗部，并深入刻画五官。先用蓝绿色马克笔 BG82 填充眼球的颜色，再用棕色马克笔 E436 加深头发的暗部。然后用蓝色马克笔 B327 加深帽子和靴子的暗部，并用黑色彩铅 499 深入刻画五官的细节，最后用印度红彩铅 492 深入刻画皮肤的暗部。

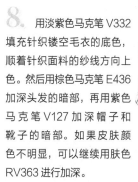

8. 用淡紫色马克笔 V332 填充针织镂空毛衣的底色，顺着针织面料的纱线方向上色。然后用棕色马克笔 E436 加深头发的暗部，再用紫色马克笔 V127 加深帽子和靴子的暗部。如果皮肤颜色不明显，可以继续用肤色 RV363 进行加深。

9. 用紫色马克笔 V334 加深针织镂空毛衣的暗部，暗部主要集中在领口、肩部、前片中间和袖窿位置。然后用深蓝色马克笔 B196 加深帽子和靴子的暗部，再用黑色彩铅 499 加深头发的暗部。

10. 用淡紫色马克笔 V332 绘制帽子和靴子表层的过渡色。

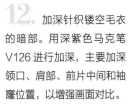

11. 绘制高光。画出眼睛、鼻子和嘴唇上的高光，然后画出帽子、针织镂空毛衣和靴子上的高光。除了帽子本身的高光外，这里还画了一些装饰性的高光线条。靴子的高光主要集中在竖向中间位置，高光线条随着褶皱的方向发生变化。

12. 加深针织镂空毛衣的暗部。用深紫色马克笔 V126 进行加深，主要加深领口、肩部、前片中间和袖窿位置，以增强画面对比。

Zadig & Voltaire Fall
Ready-to-Wear.
VEGGA.

13. 添加背景色。先用蓝绿色马克笔 BG62 在画面上上色，主要围绕在头部、针织镂空毛衣、大腿和靴子轮廓的一侧；然后用深蓝绿色马克笔 BG106 在 BG62 的表层画一些粗细不同、疏密不同的装饰性点和线，完成绘制。

4.3 皮革面料表现技法

皮革面料可以分为真皮、再生皮、人造革和合成革 4 种。皮革面料表面有一种特殊的粒面层，故皮革面料的质感光滑，手感舒适。皮革面料的用途广泛，深受现代人喜爱，经常被用来制作风衣、夹克、外套、裤子等。画图时需注意展示皮革面料本身的光泽和质感，可以用高光笔表现。

皮革面料小样手绘表现

  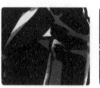

1 绘制线稿，画出褶皱线。

2 用黑色软头勾线笔勾线，注意线条的粗细变化。

3 填充皮革的底色，黑色皮革一般用灰色马克笔表现。

4 使用深灰色马克笔绘制黑色皮革的暗部，适当留白。

5 继续用黑色马克笔加深皮革的暗部，以增强明暗对比。

6 添加高光，参考褶皱线的位置和方向绘制高光。

4.3.1 皮革外套的表现

R373	RV363	RV209	BG82	PG38	PG40	E20	PG39	PG42	191	RV345	RV207

完整色卡展示

 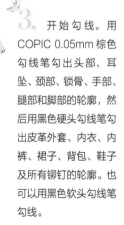

1. 绘制人体动态图。在标准人体动态图的基础上进行调整，将模特的右手臂调整成半弯曲状态，然后缩短辅助腿和重心腿之间的距离。

2. 绘制线稿。画出模特头部及耳坠的轮廓，然后画出外套、内衣、内裤、裙子、背包和鞋子等的轮廓，最后画出皮革外套的结构线和装饰物。

3. 开始勾线。用COPIC 0.05mm 棕色勾线笔勾出头部、耳坠、颈部、锁骨、手部、腿部和脚部的轮廓，然后用黑色硬头勾线笔勾出皮革外套、内衣、内裤、裙子、背包、鞋子及所有铆钉的轮廓。也可以用黑色软头勾线笔勾线。

4. 填充皮肤底色。用 COPIC 浅肤色马克笔 R000 或者法卡勒三代浅肤色马克笔 R373 填充头部、手部、脚部、躯干等的底色，用马克笔的软头平涂上色。

5. 加深皮肤的暗部。先用肤色马克笔 RV363 加深眼睛、鼻子、嘴唇等的暗部（鼻子的暗部主要集中在鼻头、鼻翼和鼻底），然后加深颈部、锁骨、胸部、肚脐、手臂、手部、大腿根部、膝盖、小腿和脚部等的暗部。

6. 用深肤色马克笔 RV209 继续加深皮肤的暗部，主要加深眼窝、鼻底、颈部、胸部和大腿根部等的暗部。然后用蓝绿色马克笔 BG82 绘制眼球的颜色，再用紫灰色马克笔 PG38 绘制头发的颜色。

7. 用紫灰色马克笔 PG40 加深头发的暗部，再用棕色马克笔 E20 填充铆钉的颜色，然后用紫灰色马克笔 PG38 填充皮革外套、内衣、内裤、裙子、背包和鞋子的颜色。用黑色彩铅 499 深入刻画五官的细节，用印度红彩铅 492 加深五官的暗部。

8. 加深头发和服饰的暗部。用紫灰色马克笔 PG39 点画出铆钉的颜色，并依次加深头发、皮革、外套、内衣、内裤、背包、裙子和鞋子的暗部。头发的暗部主要集中在头发的分缝位置和颈部的两侧。

9. 用紫灰色马克笔 PG42 继续加深头发和服饰的暗部。

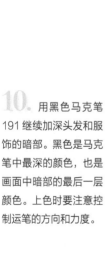

10. 用黑色马克笔 191 继续加深头发和服饰的暗部。黑色是马克笔中最深的颜色，也是画面中暗部的最后一层颜色。上色时要注意控制运笔的方向和力度。

11. 添加过渡色。用紫灰色马克笔 PG39 绘制整体的过渡色，然后用樱花 0.8mm 金色油漆笔点缀耳坠、皮革外套、内裤、背包和鞋子上所有的铆钉。

12. 绘制高光。用高光笔或者白色颜料分别画出五官、头发、皮革外套、内衣、裙子、背包和鞋子上的高光，并在每个铆钉的左上角画一个高光点。

Moschino Spring
Ready - to - Wear.
VEGGA.

13. 添加背景色。用紫红色马克笔 RV345 和 RV207 在画面上添加背景色。先画浅色，再画深色，线条可以随着外侧边缘的凹凸变化而变化。

4.3.2 皮革紧身长裤的表现

| R373 | R375 | V332 | V334 | V126 | E248 | YG455 | BG82 | YG456 | V125 | B196 | B115 | BV317 | BV192 |

完整色卡展示

1. 绘制线稿。在纸上画一幅标准的人体动态图，然后根据实际动态进行调整。画头部时要注意头部的倾斜角度，图中模特的头部微侧，中线偏向画面的左侧。起型时先画出帽子、服装和鞋子的大致轮廓，然后绘制细节。

2. 开始勾线。用 COPIC 0.05mm 棕色勾线笔勾出头部、肩膀、锁骨和手臂的轮廓，然后用慕娜美橄榄绿硬头勾线笔勾出上衣和背包的轮廓，再用黑色软头勾线笔勾出帽子、手套、裤子和靴子的轮廓，以及裤子上的褶皱线和上衣印花图案的轮廓线等。

3. 填充皮肤底色。用 COPIC 浅肤色马克笔 R000 或者法卡勒三代浅肤色马克笔 R373 均匀填充头部、颈部、腰部和手臂的底色。

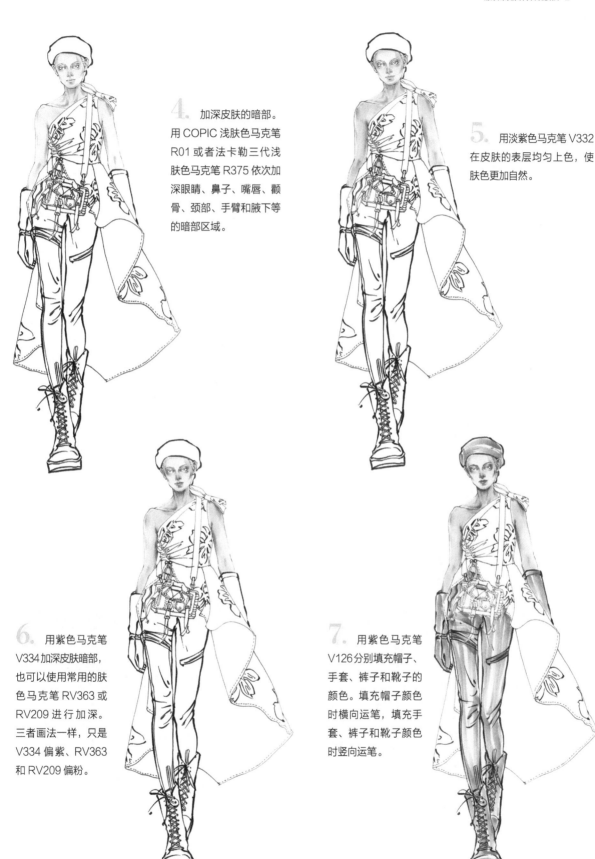

4. 加深皮肤的暗部。用 COPIC 浅肤色马克笔 R01 或者法卡勒三代浅肤色马克笔 R375 依次加深眼睛、鼻子、嘴唇、颧骨、颈部、手臂和腋下等的暗部区域。

5. 用淡紫色马克笔 V332 在皮肤的表层均匀上色，使肤色更加自然。

6. 用紫色马克笔 V334 加深皮肤暗部，也可以使用常用的肤色马克笔 RV363 或 RV209 进行加深。三者画法一样，只是 V334 偏紫、RV363 和 RV209 偏粉。

7. 用紫色马克笔 V126 分别填充帽子、手套、裤子和靴子的颜色。填充帽子颜色时横向运笔，填充手套、裤子和靴子颜色时竖向运笔。

8. 填充上衣和背包的颜色。用黄绿色马克笔 YG455 顺着上衣的结构进行上色，然后用蓝绿色马克笔 BG82 填充眼球的颜色，再用黑色彩铅 499 加深上眼线、下眼线、瞳孔、眉毛、鼻孔和嘴唇闭合线等。

9. 用黄绿色马克笔 YG455 分别在上衣和背包的暗部反复上色，主要加深褶皱位置、转折位置和上衣后片的暗部。然后用紫色马克笔 V125 加深帽子、手套、裤子和靴子的暗部，并填充上衣印花图案的颜色。

10. 加深画面整体的暗部。先用黄绿色马克笔 YG456 加深上衣和背包的暗部，然后用深蓝色马克笔 B196 加深帽子、手套、裤子和靴子的暗部，以及上衣的印花图案等。

11. 用深蓝色马克笔 B115 再次加深帽子、手套、裤子和靴子的暗部，以及上衣的印花图案等。颜色由浅到深逐层进行加深，以增强画面效果。

12. 绘制高光。用高光笔或者白色颜料先画出五官上的高光，再画出帽子、上衣、背包、裤子和靴子上的高光，以及靴子上交叉鞋带上的高光，最后用一些密集的高光点点缀上衣的印花图案。

13. 添加背景色。用蓝紫色马克笔 BV317 和 BV192 绘制背景，然后用慕娜美紫色勾线笔在背景上画一些装饰性的点和线，得到最终效果。

皮草面料表现技法

4.4

皮草是用动物皮毛制成的服装，具有保暖的作用。皮草主要来源于狐狸、骆驼、貂、兔子、水獭等皮毛动物。画图时要特别注意对轮廓边缘的处理，轮廓边缘不能用一根整齐的线条表现，可以用多根有粗细变化的线条表现。

皮草面料小样手绘表现

1 绘制线稿，根据皮草的方向进行绘制。

2 用黑色软头毛笔勾线。

3 填充皮草中间的颜色。先画底色，再画暗部色。

4 填充皮草其余位置的颜色，用一深一浅两种颜色表现。

4.4.1 皮草连身裙的表现

| R373 | RV363 | E435 | E436 | B325 | RV209 | BG82 | CG268 | B112 | E133 | BV108 | B196 | V335 | V336 |

完整色卡展示

1. 绘制线稿。
先画一幅行走的正面人体动态图，然后画头部、五官和头发的轮廓（头发轮廓高于头部轮廓），再画出皮草裙和靴子的轮廓。

2. 细化线稿。
在人体动态图的基础上画出皮草裙的皮草线条和腰部结构线，然后细化靴子的褶皱线和描绘靴子的细节等。

3. 开始勾线。用 COPIC 0.05mm 棕色勾线笔勾出头发、五官、头部、颈部、手臂和手部的轮廓；然后用吴竹灰色软头勾线笔勾出皮草裙、裤子和靴子的轮廓，也可以用黑色软头勾线笔代替；再用浅肤色马克笔 R373 依次填充头部、颈部、手臂和手部的底色。

4. 加深皮肤暗部和填充头发的颜色。先用肤色马克笔RV363加深五官、颈部、锁骨、肩膀、手臂和手部的暗部，然后用棕色马克笔E435填充头发的颜色。五官暗部主要集中在眼窝、鼻底和嘴唇等位置，颈部暗部主要集中在下巴和颈部连接的位置，手臂暗部主要集中在手臂两侧和手肘的位置。

5. 用棕色马克笔E436加深头发的暗部，主要集中在头发两侧和分缝的位置；然后用蓝色马克笔B325绘制皮草裙的颜色，再用深肤色马克笔RV209加深皮肤的暗部。

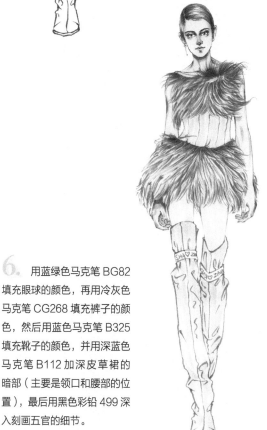

6. 用蓝绿色马克笔BG82填充眼球的颜色，再用冷灰色马克笔CG268填充裤子的颜色，然后用蓝色马克笔B325填充靴子的颜色，并用深蓝色马克笔B112加深皮草裙的暗部（主要是领口和腰部的位置），最后用黑色彩铅499深入刻画五官的细节。

7. 用棕色马克笔E133加深头发的暗部，然后用深蓝色马克笔B112加深靴子和皮草裙的暗部（靴子暗部主要集中在靴子两侧和褶皱的位置），再用印度红彩铅492深入刻画五官，表现出鼻子的立体效果。

8. 加深皮草裙和靴子的暗部。用蓝紫色马克笔BV108加深皮草末端的位置，让皮草裙的层次更加丰富。

9. 用颜色更深的深蓝色马克笔B196继续加深皮草裙和靴子的暗部，然后画出皮草裙腰部表层的纹理。

10. 绘制高光。用高光笔或者白色颜料画出五官和头发上的高光，再添加皮草裙和靴子上的高光（皮草裙的高光主要在深色线条的表层，靴子的高光主要在靴子分割线和褶皱的位置）。

11. 添加背景色。用浅紫色马克笔V335为画面上色，然后用深紫色马克笔V336在浅紫色的表层画一些装饰性的点和线。靠近皮草裙边缘的线条可以灵活处理，不用画成一根完整的线条。

Natasha Zinko Fall
Ready-to-Wear.
YEGGA.

4.4.2 皮草短外套的表现

| R373 | RV363 | E407 | RV209 | E408 | E168 | YG23 | YG443 | E437 | YG455 | YG456 | BG82 | 191 | BV110 |

完整色卡展示

1. 绘制线稿。画一幅右腿在前的行走动态，然后画五官和服饰的轮廓。外套袖子用的是皮草面料，造型夸张，画图时要特别注意刻画肩膀。

2. 细化线稿。用线条画出袖子的皮草面料质感，然后画出外套前片的纹理、裙子的纹理和靴子的结构。

3. 开始勾线。用 COPIC 0.05mm 棕色勾线笔勾出头发、五官、手部和腿部的轮廓等，然后用吴竹绿色软头勾线笔勾出帽子、外套和裙子，再用浅肤色马克笔 R373 填充皮肤底色，最后用吴竹黑色软头毛笔勾出鞋子轮廓。

4. 加深皮肤暗部和填充头发的颜色。用肤色马克笔 RV363 加深五官、颧骨、颈部、手部和腿部的暗部，然后用棕色马克笔 E407 填充头发的颜色，画面中可以适当留白。

5. 加深皮肤和头发的暗部，并填充鞋子的颜色。用深肤色马克笔 RV209 加深五官、颧骨、颈部、手部和腿部的暗部，然后用棕色马克笔 E407 填充右脚靴子的颜色，再用棕色马克笔 E408 填充左脚靴子的颜色，并用 E408 加深头发的暗部。

6. 用棕色马克笔 E168 加深头发和左脚靴子的暗部，然后用棕色马克笔 E408 加深右脚靴子的暗部，再用黑色彩铅 499 加深五官细节和颈部的暗部，最后用黄绿色马克笔 YG23 填充外套的颜色。

7. 用黄绿色马克笔 YG443 填充帽子和裙子的颜色。填充帽子颜色时顺着边缘线斜向上色，填充裙子颜色时顺着褶皱方向竖向上色，使裙子形成两边颜色深、中间颜色浅的画面效果。然后用深棕色马克笔 E437 绘制靴子上的豹纹图案。

8. 加深帽子、外套和裙子的暗部。用黄绿色马克笔 YG455 加深外套前片每个小格子的暗部和肩膀、手臂部分的暗部，然后用黄绿色马克笔 YG456 加深帽子和裙子的暗部。

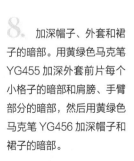

9. 用黄绿色马克笔 YG456 加深外套的暗部，然后用蓝绿色马克笔 BG82 填充眼球的颜色，再用黑色彩铅 499 加深头发的暗部，最后用黑色马克笔 191 或者黑色勾线笔强调服装的部分轮廓线。

10. 绘制高光。用高光笔或白色颜料分别在帽子、头发、五官、外套、裙子和靴子上绘制高光，可以在外套的前片和袖子上多绘制一些装饰性的高光线。

11. 添加背景色。用蓝紫色马克笔 BV110 为画面上色。背景色也是画面的一部分，选择颜色时需要考虑整体的画面效果。

4.5 PVC 面料表现技法

PVC 是一种塑料材料，分为硬 PVC 和软 PVC 两种，主要用作地板、天花板及皮革的表层。

近几年 PVC 面料的服装也逐渐出现在服装秀场中，现在市面上能够看到的服装上的 PVC 面料基本都只有小面积的应用。画 PVC 面料的服装主要是画出 PVC 面料的透明质感和光泽感。

PVC 面料小样手绘表现

   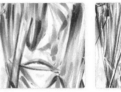

1 绘制线稿，用简单的线条表现服装。

2 绘制面料里层的颜色。

3 直接在里层面料颜色上覆盖一层 PVC 面料的颜色。

4 增加 PVC 面料的暗部颜色。

5 用深色马克笔继续加深 PVC 面料的暗部，以丰富颜色的层次。

6 绘制高光，PVC 面料的高光区域非常多。

4.5.1 PVC 连身裙的表现

| R373 | R375 | RV363 | RV209 | E248 | WG464 | E12 | WG466 | Y224 | NG276 | NG279 | Y2 | TG253 |

完整色卡展示

1. 绘制线稿。确定人体动态后，先绘制五官、头发和脸部的轮廓，再绘制帽子、衣服和鞋子，这样可以保证服装结构的正确性。

2. 开始勾线。用 COPIC 0.05mm 棕色勾线笔勾出五官、头发、手臂和腿部的轮廓，然后用慕娜美灰色硬头勾线笔勾出帽子、衣服和鞋子。

3. 填充皮肤底色。用浅肤色马克笔 R373 填充头部、颈部、躯干、手臂和小腿的底色。填充躯干主要填充锁骨、胸口和腰部等的底色。

4. 加深皮肤的暗部。用 COPIC 浅肤色马克笔 R01 或者法卡勒三代浅肤色马克笔 R375 加深五官、颈部、手臂、腰部和小腿等的暗部。

5. 继续加深皮肤的暗部。先用颜色浅一些的肤色马克笔 RV363 依次加深内眼角、外眼角、鼻底、嘴唇、手臂、腰部和小腿等的暗部，然后用深肤色马克笔 RV209 再次加深上述位置。

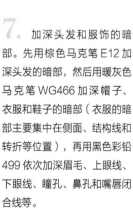

6. 填充头发和服饰的颜色。先用棕色马克笔 E248 填充头发的颜色，再用暖灰色马克笔 WG464 绘制帽子、衣服和鞋子的颜色。因为暖灰色马克笔 WG464 的颜色特别浅，所以上色时不用过多考虑上色的技巧和运笔方向，直接用马克笔的斜头进行大面积上色即可。

7. 加深头发和服饰的暗部。先用棕色马克笔 E12 加深头发的暗部，然后用暖灰色马克笔 WG466 加深帽子、衣服和鞋子的暗部（衣服的暗部主要集中在侧面、结构线和转折等位置），再用黑色彩铅 499 依次加深眉毛、上眼线、下眼线、瞳孔、鼻孔和嘴唇闭合线等。

8. 绘制里层服装的颜色。先用黄色马克笔 Y224 绘制上衣里层和裙子内侧的颜色，然后用 Y224 填充腰部两侧的图案颜色，再用中灰色马克笔 NG276 和 NG279 两个颜色加深上衣、裙子和鞋子等的暗部。

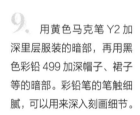

9. 用黄色马克笔 Y2 加深里层服装的暗部，再用黑色彩铅 499 加深帽子、裙子等的暗部。彩铅笔的笔触细腻，可以用来深入刻画细节。

10. 绘制高光。因为上色时多次使用了黑色彩铅笔，而高光笔在彩铅笔上不易上色，所以用白色颜料绘制高光。PVC 面料本身的高光区域非常多，需要在表层绘制大量的高光线。

11. 添加背景色。用炭灰色马克笔 TG253 在模特的两侧添加颜色，再用 COPIC 黄色斜头马克笔 Y15 或者法卡勒三代黄色马克笔 Y2 在身体的两侧添加颜色，完成绘制。

4.5.2 PVC 风衣外套的表现

| R373 | R375 | RV209 | CG268 | CG270 | G80 | B240 | B241 | CG271 | CG272 | CG274 | BG84 | B290 | B291 |

完整色卡展示

1. 绘制线稿。先画出人体动态，再画出五官、帽子、外套、腰带和鞋子的轮廓，以及外套里层的结构线。保持线稿整洁。

2. 开始勾线。用铅笔画出外套里层服装上的圆点图案，以方便后期上色，然后用 COPIC 0.05mm 棕色勾线笔勾出五官、颈部、手部和腿部的轮廓。

3. 填充皮肤底色。用 COPIC 浅肤色马克笔 R000 或法卡勒三代浅肤色马克笔 R373 绘制头部、颈部、手部和腿部的颜色，用马克笔的软头上色。

4. 加深皮肤的暗部。用 COPIC 浅肤色马克笔 R01 或者法卡勒三代浅肤色马克笔 R375 先加深五官、颈部、手部和腿部的暗部，然后用深肤色马克笔 RV209 再次加深上述位置。

5. 填充服装和鞋子的颜色。用冷灰色马克笔 CG268 填充帽子、外套和鞋子的颜色，用深肤色马克笔 RV209 加深面部、颈部和腿部的暗部。帽子的上色技巧是，用马克笔的斜头或者软头顺着帽子的弧线边缘运笔上色，线条不要画成直线。

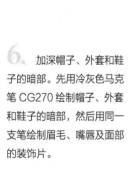

6. 加深帽子、外套和鞋子的暗部。先用冷灰色马克笔 CG270 绘制帽子、外套和鞋子的暗部，然后用同一支笔绘制眉毛、嘴唇及面部的装饰片。

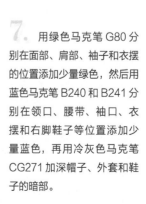

7. 用绿色马克笔 G80 分别在面部、肩部、袖子和衣摆的位置添加少量绿色，然后用蓝色马克笔 B240 和 B241 分别在领口、腰带、袖口、衣摆和右脚鞋子等位置添加少量蓝色，再用冷灰色马克笔 CG271 加深帽子、外套和鞋子的暗部。

8. 用冷灰色马克笔 CG272 继续加深五官、帽子、外套和鞋子的暗部。

9. 用黑色彩铅 499 深入刻画五官的细节，然后用深灰色马克笔 CG274 加深帽子、外套和鞋子的暗部，再用蓝绿色马克笔 BG84 填充眼球的颜色，并在外套的领口、胸部、袖子、右脚鞋子等位置上添加部分蓝绿色线条，以增强画面效果。

10. 用深蓝色马克笔 B291 继续加深帽子和外套的暗部，然后用黑色彩铅 499 深入刻画五官、帽子和外套的暗部区域，主要加深 PVC 风衣外套的暗部。

11. 绘制高光。用白色颜料添加眼睛、鼻子和嘴唇上的高光，以及面部装饰片上的高光，然后继续用白色颜料画出帽子、外套和鞋子的高光。

Maison Margiela
Fall Ready-to-Wear
VEGGA.

12. 添加背景色。为了更好地呼应画面，可以选择在服装中出现的颜色作为背景色。服装整体颜色偏灰，可以选择蓝色系的 B290 和 B291 绘制背景色，既能提亮画面，又能和画面起到很好的呼应作用。

Maison Margiela
Fall Ready-to-Wear
VEGGA.

薄纱面料表现技法

薄纱面料质地轻薄，手感柔顺且富有弹性，具有良好的透气性和悬垂性，穿着飘逸、舒适，主要用来制作夏季服装。薄纱面料是一种半透明面料，面料透明度的高低由面料的厚度决定，面料越薄，透明度越高。薄纱面料服装设计效果图的表现技法是先画里层服装或面料，再画表层薄纱面料。

薄纱面料小样手绘表现

1. 绘制简单的线稿。

2. 用彩色勾线笔勾线。

3. 用马克笔均匀绘制底色。

4. 绘制面料上的图案，用颜色深浅来区分表层和里层，表层图案颜色深，里层图案颜色浅。

4.6.1 薄纱连身压褶裙的表现

 R373　 R375　 RV209　 BG82　 E435　 E436　 E133　 B290　 YG228　 B291　 YG453　B292

完整色卡展示

1. 绘制线稿。先画人体动态图，再画服装和鞋子的轮廓，然后画面部、头发等。服装的层次较多，外层是 PVC 材质胸衣，中间是薄纱连衣裙，里层是打底裤。外层和中间层服装都是透明材质，所以起型时要将 3 层服装的轮廓线都画出来。

2. 开始勾线。用 COPIC 0.05mm 棕色勾线笔勾出面部、头发、颈部、手臂、手部、打底裤和腿部的轮廓，然后用慕娜美翠绿色勾线笔勾出外层胸衣和腰带的轮廓，再用慕娜美蓝色勾线笔勾出连衣裙和鞋子的轮廓。

3. 用浅肤色马克笔 R373 填充头部、颈部、躯干、手臂、手部、打底裤和腿部等的颜色。因为外层和中间层服装都是透明材质，颜色也是偏浅的绿色和蓝色，遮不住里层皮肤的颜色，所以上色时要先将皮肤颜色画出来，再添加服装的颜色。

4. 加深皮肤的暗部。用 COPIC 浅肤色马克笔 R01 或者法卡勒三代浅肤色马克笔 R375 加深皮肤的暗部，分别加深五官、肩部、颈部、手臂、手部、躯干和腿部等的暗部。

5. 用深肤色马克笔 RV209 再次加深皮肤的暗部，主要加深颈部、手臂、腰部、裆底部和辅助腿小腿等位置的暗部；然后用蓝绿色马克笔 BG82 填充眼球的颜色。

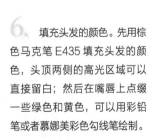

6. 填充头发的颜色。先用棕色马克笔 E435 填充头发的颜色，头顶两侧的高光区域可以直接留白；然后在嘴唇上点缀一些绿色和黄色，可以用彩铅笔或者慕娜美彩色勾线笔绘制。

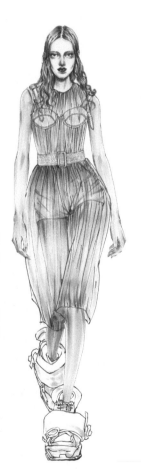

7. 用棕色马克笔 E436 加深头发的暗部，然后用深棕色马克笔 E133 再次加深头发的暗部，再用黑色彩铅 499 加深上眼线、下眼线、瞳孔、鼻孔和嘴唇闭合线等，最后用蓝色马克笔 B290 绘制连衣裙和鞋子的颜色。

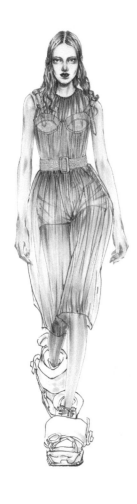

8. 添加 PVC 材质胸衣的颜色。用黄绿色马克笔 YG228 顺着胸衣的结构上色，肩带竖向上色，胸部弧线上色，腰部横向上色，中间竖向上色。

9. 用蓝色马克笔 B291 加深连衣裙和鞋子的暗部，然后用黄绿色马克笔 YG453 加深胸衣的暗部。

10. 加深连衣裙和鞋子的暗部。用蓝色马克笔 B292 分别加深连衣裙的领口、腰部、裙摆两侧和鞋子等的暗部，以增强画面的对比。

11. 绘制高光。用白色颜料先画出五官和头发上的高光，然后画出胸衣、连衣裙和鞋子上的高光。胸衣是 PCV 材质的，可以在其表面多画一些高光线。

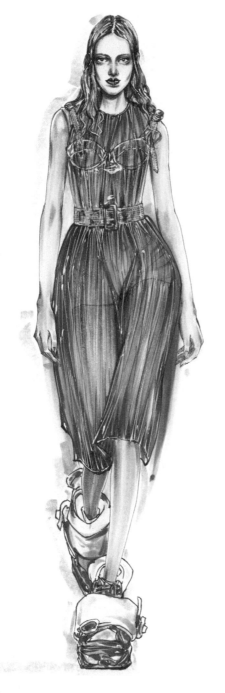

Maison Margiela
Fall Ready-to-Wear.
VEGGA.

12. 添加背景色。用淡蓝色马克笔 B290 的斜头绘制背景色，背景线条可以围绕在身体的两侧。

4.6.2 薄纱连身透明裙的表现

RV373　RV363　E435　V334　E436　YG221　V332　E133　YG14　BG82　RV209　V333

V125　V127　BV319　BV320

完整色卡展示

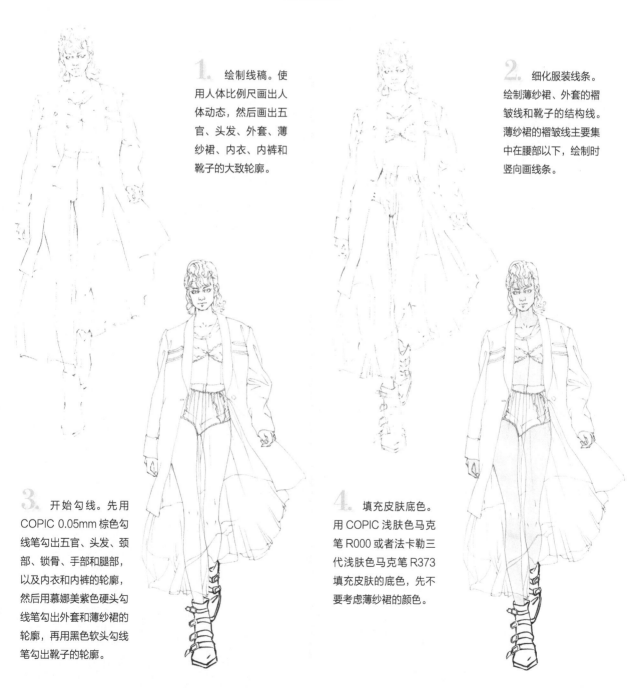

1. 绘制线稿。使用人体比例尺画出人体动态，然后画出五官、头发、外套、薄纱裙、内衣、内裤和靴子的大致轮廓。

2. 细化服装线条。绘制薄纱裙、外套的褶皱线和靴子的结构线。薄纱裙的褶皱线主要集中在腰部以下，绘制时竖向画线条。

3. 开始勾线。先用COPIC 0.05mm 棕色勾线笔勾出五官、头发、颈部、锁骨、手部和腿部，以及内衣和内裤的轮廓，然后用慕娜美紫色硬头勾线笔勾出外套和薄纱裙的轮廓，再用黑色软头勾线笔勾出靴子的轮廓。

4. 填充皮肤底色。用 COPIC 浅肤色马克笔 R000 或者法卡勒三代浅肤色马克笔 R373填充皮肤的底色，先不要考虑薄纱裙的颜色。

5. 加深皮肤的暗部。先用肤色马克笔RV363加深五官的暗部，然后继续加深颈部、胸部、手部、大腿根部、膝盖和小腿等的暗部，以及外套在身体上所形成的阴影区域。加深小腿的暗部时，主要加深辅助腿的小腿暗部。

6. 填充头发和靴子的颜色。先用棕色马克笔E435填充头发的颜色，留出头发的高光区域；然后用紫色马克笔V334填充靴子的颜色，用马克笔的斜头在靴子的两侧竖向上色。笔触间略微留白，不用全部涂满。

7. 用棕色马克笔E436绘制头发的暗部，用黑色彩铅499刻画五官的细节，用印度红彩铅492深入刻画五官，最后用黄绿色马克笔YG221填充内衣和内裤的颜色。

8. 填充外套和薄纱裙的颜色。用淡紫色马克笔V332的斜头根据衣服的结构上色，由于模特的左手臂弯曲，因此手肘位置会产生横向的褶皱线，上色时可以横向运笔，填充其他位置的颜色时则顺着衣服的结构竖向运笔，笔触之间适当留白。

9. 用深棕色马克笔 E133 加深头发的暗部，然后用黄绿色马克笔 YG14 加深内衣的暗部，再用蓝绿色马克笔 BG82 填充眼球的颜色。

10. 加深皮肤的暗部。用深肤色马克笔 RV209 继续加深头部、颈部、胸部、手部和腿部等皮肤的暗部。

11. 加深服装和靴子的暗部。先用紫色马克笔 V333 加深外套和薄纱裙的暗部，主要加深肩膀、领口、袖子内侧、外套后片和褶皱线等位置；然后用紫色马克笔 V125 加深靴子的暗部。

12. 继续加深服装和靴子的暗部。先用紫色马克笔 V334 加深外套和薄纱裙的暗部，再用深紫色马克笔 V127 加深靴子的暗部。

13. 勾勒外套的轮廓线。因为外套和薄纱裙的颜色一样，为了更好地区分两件衣服，所以可以用黑色软头勾线笔勾出外套的部分轮廓线。

John Galliano Spring
Ready-to-Wear.
VEGGA.

14. 绘制高光。用樱花 0.8mm 高光笔先画出五官和头发上的高光，再画出外套、薄纱裙和靴子上的高光。薄纱裙上的高光可以用一些竖向的高光线来表现，里层的内衣和内裤不需要绘制高光。

15. 添加背景色。用蓝紫色马克笔 BV319 和 BV320 两种颜色绘制背景。可以先用颜色浅一些的 BV319 围绕服装的外侧轮廓上色，上色时注意线条的笔触变化，再用颜色深一些的 BV320 在 BV319 的基础上添加部分装饰性的点和线，完成整体效果的绘制。

蕾丝面料表现技法

蕾丝面料的用途非常广，其不仅出现在服装业，还覆盖了整个纺织业，例如出现在家纺业。

蕾丝面料单薄、透气、层次感强，是制作夏季服装的最好选择。在服装设计效果图中绘制蕾丝面料服装的方法和绘制薄纱面料服装的方法相似，都是先画里层人体或服装，再画表层蕾丝面料。

蕾丝面料小样手绘表现

1 绘制线稿并画出蕾丝花纹的轮廓。

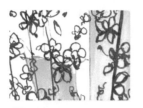

2 用红色勾线笔勾线，然后绘制里层皮肤的颜色。

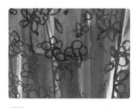

3 绘制蕾丝面料的颜色。

4 绘制蕾丝面料的暗部，以丰富画面的层次。

4.7.1 蕾丝连身吊带裙的表现

| R373 | R375 | RV209 | E435 | E133 | R358 | R145 | E134 | RV208 | RV152 | 191 | CG268 | CG270 | CG271 |

完整色卡展示

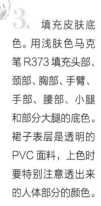

1. 绘制线稿。先画出合适的人体动态，然后根据"三庭五眼"的比例画出头部和五官的轮廓，再画出帽子、裙子和鞋子的轮廓。

2. 开始勾线。先用 COPIC 0.05mm 棕色勾线笔勾出头部、颈部、手臂、手部和腿部的轮廓，然后用慕娜美红色和黑色两支硬头勾线笔勾出裙子的轮廓，再用慕娜美灰色勾线笔勾出帽子、胸部蕾丝、裙摆和鞋子的轮廓。

3. 填充皮肤底色。用浅肤色马克笔 R373 填充头部、颈部、胸部、手臂、手部、腰部、小腿和部分大腿的底色。裙子表层是透明的 PVC 面料，上色时要特别注意透出来的人体部分的颜色。

4. 加深皮肤的暗部。用COPIC 浅肤色马克笔 R01 或者法卡勒三代浅肤色马克笔 R375 加深皮肤的暗部，主要加深五官、颈部、腋下和膝盖等位置。

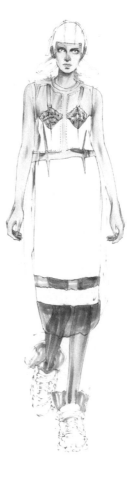

5. 用深肤色马克笔 RV209 再次加深皮肤的暗部；然后用黑色彩铅 499 深入刻画五官的细节，以增强五官的立体效果；最后用棕色马克笔 E435 依次绘制肩带、胸部蕾丝、裙摆和鞋子里层的颜色。

6. 用浅肤色马克笔 R373 填充帽子和裙子的颜色，用深棕色马克笔 E133 加深肩带、胸部蕾丝、裙摆和鞋子里层的暗部，然后继续用深棕色马克笔 E133 绘制胸部和裙摆处蕾丝面料的花纹。

7. 加深裙子的暗部。先用红色马克笔 R358 的软头在帽子上点缀圆点，圆点中间疏、两侧密，硬头马克笔的软头笔尖也可以画出画面中的效果；然后继续用红色马克笔 R358 加深裙子的暗部。

8. 用深红色马克笔 R145 加深帽子和裙子的暗部。帽子上的闪光效果还是用点的方式来表现，且帽子两侧颜色最深；然后用深棕色马克笔 E134 再次加深肩带、胸部蕾丝、裙摆蕾丝和鞋子部分的暗部，以及蕾丝上的花纹。

9. 用暗红色马克笔 RV208 和深紫红色马克笔 RV152 继续加深裙子的暗部，然后用黑色马克笔 191 加深头发、肩带、胸部蕾丝和裙摆蕾丝的暗部，颜色由浅到深，逐层叠加。

10. 填充帽子、鞋子和裙子表层 PVC 面料的颜色。先用冷灰色马克笔 CG268 填充鞋子颜色，再用 CG268 填充裙子、帽子表层 PVC 面料的颜色。

11. 用冷灰色马克笔 CG270 加深帽子、鞋子和裙子表层 PVC 面料的暗部，再用深一些的冷灰色马克笔 CG271 继续加深。

12. 绘制高光。用白色颜料先画出五官的高光，再画出帽子、裙子和鞋子的高光。注意，PVC 面料的光泽感强，需要适当扩大帽子和裙子表层的高光区域。

Maison Margiela
Fall Ready-to-Wear
VEGGA.

13. 添加背景色。背景色选用的是和 PVC 面料一样的冷灰色 CG270 和 CG271，在人物轮廓周围进行上色，先用浅色 CG270 绘制，再用深色 CG271 绘制。

4.7.2 蕾丝外搭内衣的表现

| R373 | RV363 | RV209 | V332 | V333 | V334 | R144 | V126 | B305 | V127 | R355 | B307 | V121 | B243 | B115 |

完整色卡展示

1. 绘制线稿。根据所学知识绘制人体动态图，然后根据"三庭五眼"的比例画出五官和头发的轮廓，再根据人体动态图画出上衣、外搭内衣、裙子、蕾丝打底裙和鞋子的轮廓。

2. 开始勾线。用 COPIC 0.05mm 棕色勾线笔勾出头部和身体的轮廓，然后用慕娜美红色硬头勾线笔勾出外搭内衣和蕾丝打底裙的轮廓，再用慕娜美深蓝色硬头勾线笔勾出裙子的轮廓，最后用慕娜美黑色软头勾线笔勾出上衣和鞋子的轮廓。

3. 填充皮肤底色。用浅肤色马克笔 R373 填充头部、颈部、胸部、手臂、手部、重心腿和辅助腿小腿的底色。因为裙子是 PVC 材质，会透出里面的部分皮肤，所以在裙子上添加里面部分皮肤的底色。

4. 加深皮肤的暗部。用肤色马克笔 RV363 加深五官、颈部、胸部、手臂、手部和腿部的暗部。手臂的暗部主要集中在手臂两侧、腋下、手肘和手腕等位置；腿部的暗部主要集中在大腿和小腿两侧，以及膝盖和辅助腿小腿的位置。

5. 继续加深皮肤的暗部。用深肤色马克笔 RV209 将步骤 4 中的皮肤暗部再次加深，此次绘制的暗部颜色面积小于之前绘制的暗部颜色面积；然后用肤色马克笔 RV363 加深裙子透出的皮肤颜色。

6. 用黑色彩铅 499 依次加深眉毛、耳朵、上眼线、下眼线、瞳孔、鼻孔、嘴唇和脸部轮廓线；然后用淡紫色马克笔 V332 的斜头填充头发、嘴唇、上衣和裙子的颜色，填充上衣领口和袖子的颜色时斜向运笔，填充前片的颜色时竖向运笔，裙子参考褶皱线的方向来上色。

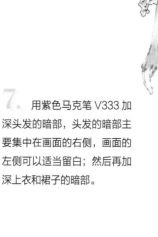

7. 用紫色马克笔 V333 加深头发的暗部，头发的暗部主要集中在画面的右侧，画面的左侧可以适当留白；然后再加深上衣和裙子的暗部。

8. 用紫色马克笔 V334 加深头发、上衣、裙子和鞋子的暗部，以及裙子上的褶皱阴影；然后用红色马克笔 R144 填充外搭内衣、手套和蕾丝打底裙的颜色；再用 R144 在蕾丝打底裙的褶皱位置添加部分红色。

9. 加深头发和服装的暗部。用深紫色马克笔 V126 先加深头发的暗部，主要加深画面右侧发根、两侧鬓角、耳朵下方和颈部两侧的暗部；然后加深上衣领口、肩膀和袖口的位置；再继续加深裙子腰带、纽扣和侧面开衩的位置；最后加深鞋子的暗部。

10. 填充裙子的颜色。先用蓝色马克笔 B305 填充裙子的颜色；然后根据裙子的结构和褶皱方向上色，腰带以上斜向运笔，腰带到开衩的位置横向运笔，裙摆竖向运笔。

11. 加深服饰的暗部。先用深紫色马克笔 V127 加深头发、上衣、裙子和鞋子的暗部，然后用大红色马克笔 R355 加深外搭内衣和手套的颜色，再用同一支马克笔画出蕾丝内衣和打底裙表层的花纹图案，最后用蓝色马克笔 B307 加深裙子的暗部。

12. 用深紫色马克笔 V121 继续加深头发、上衣和鞋子的暗部，再用蓝色马克笔 B307 加深裙子暗部。

13. 用深蓝色马克笔 B243 继续加深裙子的暗部，然后用深蓝色马克笔 B115 加深裙子部分轮廓的颜色。

14. 用深紫色马克笔 V127 加深头发、上衣、裙子和鞋子的暗部，然后用深蓝色马克笔 B243 在上衣的左上角添加几笔蓝色线条，以呼应裙子。

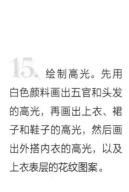

15. 绘制高光。先用白色颜料画出五官和头发的高光，再画出上衣、裙子和鞋子的高光，然后画出外搭内衣的高光，以及上衣表层的花纹图案。

Maison Margiela
Fall Ready-to-Wear
VEGGA

16. 添加背景色。用画裙子用过的蓝色马克笔 B305 绘制背景色，围绕画面并紧挨着服装的外轮廓上色。

4.8 牛仔面料表现技法

牛仔面料是一种较粗厚的斜纹棉布，因为牛仔面料经纱的颜色深，一般为靛蓝色，纬纱的颜色浅，一般为浅灰色或者本白色，所以最终呈现出的牛仔面料的颜色非常独特。市场上除了靛蓝色牛仔面料以外，还有很多其他颜色，例如蓝黑色、淡蓝色和黑色，这些都是比较常见的牛仔面料的颜色。绘制牛仔面料时，先用马克笔大面积填充底色，再用彩铅笔深入刻画细节。

牛仔面料小样手绘表现

1 绘制线稿，并用蓝色勾线笔勾线。

2 用浅蓝色马克笔填充牛仔面料的颜色，画面中适当留白。

3 用深蓝色马克笔加深牛仔面料的暗部。

4 继续加深牛仔面料的暗部，并增加细节进行点缀。

4.8.1 牛仔马甲的表现

R373　V332　V336　E407　E408　E168　B304　YG443　YG455　B325　B111　BV320　BG62　B240　BV108

完整色卡展示

1. 绘制线稿。先画人体动态图，然后参考"三庭五眼"的比例画出五官和头发的轮廓，再参考人体动态图画出衬衫裙、牛仔马甲和鞋子的外轮廓。

2. 细化线稿。先用铅笔画出牛仔马甲的结构线、口袋轮廓线及装饰，然后画出衬衫裙的门襟、纽扣和褶皱线，再细化鞋子的结构。

3. 开始勾线。用COPIC 0.05mm 棕色勾线笔勾出头部、身体细节和鞋子的轮廓，然后用慕娜美绿色硬头勾线笔勾勒衬衫裙和纽扣的轮廓，再用慕娜美深蓝色硬头勾线笔勾出牛仔马甲的轮廓。

4. 填充皮肤底色。用 COPIC 浅肤色马克笔 R000 或者法卡勒三代浅肤色马克笔 R373 填充皮肤的底色，注意上色要均匀。

5. 加深皮肤的暗部。先用淡紫色马克笔 V332 代替常用的肤色马克笔 RV363，分别在外眼角、内眼角、鼻底、嘴唇、手部，以及颈部、腿部和脚部等阴影区域进行加深，使肤色整体偏紫。

6. 用紫色马克笔 V336 加深皮肤的暗部。先加深内眼角、外眼角、鼻底和嘴唇的暗部，再加深颈部、锁骨、手部和腿部的暗部，然后用浅棕色马克笔 E407 填充头发颜色。

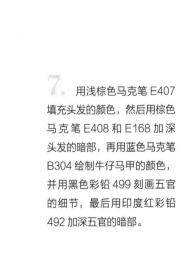

7. 用浅棕色马克笔 E407 填充头发的颜色，然后用棕色马克笔 E408 和 E168 加深头发的暗部，再用蓝色马克笔 B304 绘制牛仔马甲的颜色，并用黑色彩铅 499 刻画五官的细节，最后用印度红彩铅 492 加深五官的暗部。

8. 填充衬衫裙的颜色并加深头发的暗部。先用黄绿色马克笔 YG443 填充衬衫裙的颜色，直接用马克笔的斜头顺着衬衫裙的结构上色，笔触之间可以适当留白；然后用黑色彩铅 499 加深头发分缝的位置，以及颈部两侧的阴影区域；最后用蓝色马克笔 B111 加深马甲的暗部。

9. 加深服装的暗部。先用黄绿色马克笔 YG455 加深衬衫裙的暗部，然后用蓝色马克笔 B325 加深牛仔马甲的暗部，再用淡紫色马克笔 V332 填充鞋子的颜色。第一层暗部颜色画好后，继续用蓝色马克笔 B111 加深牛仔马甲的暗部，用蓝紫色马克笔 BV320 加深鞋子的暗部。

10. 继续加深服装的暗部。先用蓝绿色马克笔 BG62 加深衬衫裙的暗部，注意加深所有褶皱线的位置；然后用蓝色马克笔 B240 加深牛仔马甲的暗部；再用蓝紫色马克笔 BV108 加深鞋子的暗部。

11. 绘制高光。用高光笔先画出五官和头发的高光，再画出牛仔马甲、衬衫裙和鞋子的高光。底色越深，高光越明显。

12. 添加背景色。用蓝紫色马克笔 BV320 和 BV108 两种颜色绘制背景，浅色作为铺垫，深色刻画细节。背景色用硬头马克笔或者软头马克笔绘制都可以，虽然笔触不同，但它们都各有特点。

MM6 Maison Martin Margiela
Spring-Summer Ready-to-Wear
VEGGA.

4.8.2 牛仔外套的表现

| R373 | RV363 | B305 | E406 | E408 | YR167 | RV344 | V334 | B307 | R146 | YR176 |

| B327 | V126 | BG82 | E166 | V127 | V125 | B240 | B115 | 191 | RV209 |

完整色卡展示

1. 绘制人体动态图。参考人体比例尺画出人体动态图并适当调整，模特头部、颈部、肩部及重心脚的位置不变，将模特的腰部和胯部向画面的右侧进行调整。

2. 用紫色铅笔细化五官和人体结构，然后画出服饰轮廓，包括帽子、牛仔外套、连体衣、腰带、背包、首饰、靴子、袜子和连体衣上的印花图案等。范例是在线稿的基础上直接上色的，起型时要注意保证画面整洁。

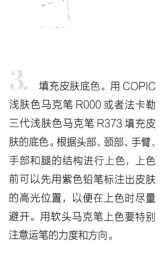

3. 填充皮肤底色。用 COPIC 浅肤色马克笔 R000 或者法卡勒三代浅肤色马克笔 R373 填充皮肤的底色。根据头部、颈部、手臂、手部和腿的结构进行上色，上色前可以先用紫色铅笔标注出皮肤的高光位置，以便在上色时尽量避开。用软头马克笔上色要特别注意运笔的力度和方向。

4. 加深皮肤的暗部并填充牛仔外套的颜色。用肤色马克笔 RV363 加深皮肤的暗部，着重加深面部、颈部、左手臂和右腿的暗部。将模特靠前的右手和左腿设定成亮部，靠后的左手和右腿设定成暗部，然后用颜色进行区分。用蓝色马克笔 B305 绘制牛仔外套的颜色。

5. 头发的上色原理同上。先将头发的左右两侧分成一明一暗，然后用浅棕色马克笔E406填充画面左侧头发亮部的颜色，再用稍微深一些的棕色马克笔E408填充画面右侧头发暗部的颜色，最后用黄红色马克笔YR167绘制眼影（主要加深内、外眼角）。

6. 加深皮肤和牛仔外套的暗部，并填充帽子、连体衣、袜子和靴子的颜色。先用黄红色马克笔YR167加深皮肤暗部，然后用紫红色马克笔RV344和紫色马克笔V334填充皮肤暗部、头发、帽子、连体衣、袜子和靴子的颜色，再用蓝色马克笔B307加深右侧的牛仔外套，最后用暗红色马克笔R146画出帽子上的字母。

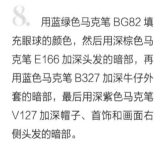

7. 整体加深画面的暗部。先用棕色马克笔E408填充靴子的颜色，然后用黄红色马克笔YR176加深皮肤的暗部，再用深蓝色马克笔B327加深牛仔外套暗部和部分轮廓线的颜色，最后用深紫色马克笔V126加深皮肤、帽子、连体衣、袜子和靴子的暗部。

8. 用蓝绿色马克笔BG82填充眼球的颜色，然后用深棕色马克笔E166加深头发的暗部，再用蓝色马克笔B327加深牛仔外套的暗部，最后用深紫色马克笔V127加深帽子、首饰和画面右侧头发的暗部。

9. 用深紫色马克笔 V125 加深帽子、连体衣和袜子的暗部，然后用蓝色马克笔 B240 加深画面左侧牛仔外套的暗部，再用深蓝色马克笔 B115 进行整体加深（主要加深牛仔外套、连体衣、右腿、帽子和袜子等）。

10. 用黑色马克笔 191 再次加深牛仔外套、连体衣、帽子、袜子和靴子的暗部，然后用深肤色马克笔 RV209 和紫色马克笔 V125 继续加深皮肤和服饰的暗部。

11. 绘制高光和字母图案。先用白色颜料绘制五官、耳坠和头发的高光，再绘制帽子、牛仔外套、连体衣、袜子和靴子等的高光，然后添加腰带和袜子上的白色字母图案，刻画靴子的系带。

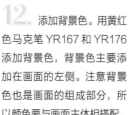

12. 添加背景色。用黄红色马克笔 YR167 和 YR176 添加背景色，背景色主要添加在画面的左侧。注意背景色也是画面的组成部分，所以颜色要与画面主体相搭配。

4.9 科技面料表现技法

在服装设计效果图中，科技面料的颜色非常丰富且光泽感强。科技面料是通过多种不同颜色的组合来表现画面效果的，主要包括淡紫色、天蓝色、柠檬黄色、橘红色、玫红色、紫红色、黄绿色等多种纯度高且艳丽的颜色，可以给人强烈的视觉冲击。

科技面料小样手绘表现

1 绘制好线稿后再勾线，然后添加柠檬黄色和天蓝色。

2 在画面中添加玫红色和深蓝色。

3 加深暗部。用深蓝色和深紫色加深暗部。

4 添加高光。在表层绘制高光线条。

4.9.1 科技分身套装的表现

E173　E174　CG268　CG269　BV108　E430　B327　B196　BV317　G230　BG83　YG14　V119　V117

YR372　BG233　BG309　BG87

完整色卡展示

1. 绘制线稿。
先参考人体比例尺画出人体动态图并进行调整，然后根据"三庭五眼"的比例画出五官的轮廓，再根据人体动态画出帽子、外套、包、裙子和鞋子的轮廓。

2. 开始勾线。先用 COPIC 0.05mm 棕色勾线笔勾出面部、手腕、手部和小腿等的轮廓，然后用慕娜美灰色硬头勾线笔勾出外套和裙子的轮廓，再用黑色软头勾线笔勾出帽子、包和鞋子的轮廓。

3. 填充黑色皮肤色。先用棕色马克笔 E173 绘制皮肤的底色，然后直接用马克笔的软头加深面部、手腕、手部、膝盖和小腿的暗部。

4. 加深皮肤的暗部。先用棕色马克笔 E174 加深五官的暗部，主要加深眼窝、鼻底、嘴唇，以及帽子等在面部形成的阴影区域；然后加深手腕、手部和小腿的暗部。

5. 刻画皮肤的暗部。先用熟褐色彩铅 476 加深五官和帽子在面部形成的阴影；然后用蓝色彩铅 453 填充眼球的颜色；再用黑色彩铅 499 加深眼线、瞳孔、鼻孔和嘴唇闭合线，嘴唇用橙黄色 409、紫色 437、松石色 460、孔雀蓝 453、钴蓝 444 和黑色 499 来画；最后用冷灰色马克笔 CG268 填充帽子、包和鞋子的颜色。

6. 用冷灰色马克笔 CG269 加深帽子、包和鞋子的暗部，暗部主要集中在侧面和褶皱的位置；然后用同一支笔加深外套和裙子的暗部。

7. 用蓝紫色马克笔 BV108 加深帽子、包和鞋子等的暗部，然后用棕色马克笔 E430 填充帽子里层的针织面料和部分鞋子的颜色。

8. 用深蓝色马克笔 B327 和 B196 继续加深帽子、包和鞋子的暗部；然后根据人体结构和服装结构填充外套和裙子的颜色，按照顺序依次填充蓝紫色 BV317、绿色 G230、蓝绿色 BG83、黄绿色 YG14，具体上色位置可以参考步骤图。

9. 用紫色马克笔 V119 继续添加外套和裙子的颜色，颜色主要集中在袖子、袖口、口袋和纽扣等位置，裙子上的颜色相对少一些。

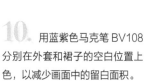

10. 用蓝紫色马克笔 BV108 分别在外套和裙子的空白位置上色，以减少画面中的留白面积。

11. 用深紫色马克笔 V117 继续加深外套和裙子的暗部，颜色由浅到深逐层叠加，以增强画面的层次感。

12. 用深蓝色马克笔 B196 继续加深外套和裙子的暗部，然后用 B196 加深服装的部分轮廓线，再用黄红色马克笔 YR372、蓝绿色马克笔 BG233 和紫色马克笔 V119 继续在外套和裙子的表层绘制。

Maison Margiela
Fall Ready to-
VEGGA.

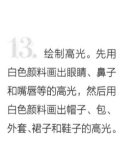

13. 绘制高光。先用白色颜料画出眼睛、鼻子和嘴唇等的高光，然后用白色颜料画出帽子、包、外套、裙子和鞋子的高光。

14. 添加背景色。用蓝绿色马克笔 BG309 和 BG87 集中在画面的左侧绘制背景色，画面的右侧轮廓也有少量背景色。科技面料的颜色丰富，背景色可以用一些简单且有规律的线条来表现。

4.9.2 科技短裙的表现

R373	R375	B240	B241	YG441	Y390	Y2	YG386	YG18	YR220	R143	BV317
B234	YG36	SG474	SG475	B112	B115	BV194	BV110	RV345	B196	B327	Y225

完整色卡展示

1. 绘制线稿。参考人体比例尺画出人体动态，然后根据"三庭五眼"的比例画出五官的轮廓，再根据人体动态画出帽子、外套、裙子和鞋子的轮廓。

2. 开始勾线。先用COPIC 0.05mm 棕色勾线笔依次勾出面部、帽子、袖子、手部和小腿等的轮廓，然后用慕娜美灰色硬头勾线笔勾出裙子和鞋子的轮廓，再用黑色软头勾线笔勾出部分上衣的轮廓。

3. 填充皮肤和嘴唇的颜色。先用 COPIC 浅肤色马克笔 R000 或者法卡勒三代浅肤色马克笔 R373 填充面部、手部和小腿的颜色，然后用蓝色彩铅443填充嘴唇的颜色。

4. 加深皮肤的暗部。先用浅肤色马克笔 R375 加深面部、手部和小腿的暗部，然后用黑色彩铅 499 加深眼线、瞳孔和鼻孔轮廓线，再用熟褐色彩铅 476、印度红彩铅 492 深入刻画五官，最后用蓝色彩铅443加深嘴唇的暗部，也可以用蓝色马克笔 B240 和 B241 填充嘴唇的颜色。

5. 用黄绿色马克笔 YG441 填充帽子里层针织毛衣的颜色，然后用黄色马克笔 Y390 填充帽子和袖子的颜色，直接用马克笔的斜头上色，画面中适当留白。

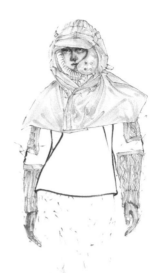

6. 加深帽子和袖子的暗部。用黄色马克笔 Y2 加深帽子两侧、肩膀边缘、袖子内侧，以及褶皱等位置。

7. 绘制帽子暗部并填充上衣、裙子和鞋子颜色。先用黄绿色马克笔 YG386 提亮帽子的亮部，然后用黄绿色马克笔 YG18 加深帽子的暗部，再用银灰色马克笔 SG474 填充上衣、裙子和鞋子底色。

8. 填充外套和裙子的颜色。先用黄红色马克笔 YR220、红色马克笔 R143、蓝紫色马克笔 BV317、蓝色马克笔 B234 和黄绿色马克笔 YG36 绘制裙子里层科技面料等部位的颜色，然后用银灰色马克笔 SG475 加深外套、袖子、裙子和鞋子的暗部。

9. 加深外套的暗部并添加科技面料的颜色。先用蓝色马克笔 B112 和深蓝色马克笔 B115 加深外套的暗部，再用蓝紫色马克笔 BV194 和 BV110、紫红色马克笔 RV345 继续添加裙子和裙子里层科技面料的颜色。

10. 用深蓝色马克笔 B196 和黑色软头勾线笔勾出帽子、外套、裙子和鞋子的部分轮廓。

11. 绘制高光。先用高光笔分别在帽子、外套、袖子和鞋子上添加高光，然后用白色颜料添加 PVC 透明衣的高光。

12. 添加背景色。用蓝色马克笔 B327 主要在画面的左侧上色，用黄色马克笔 Y225 为画面的整体上色，完成绘制。

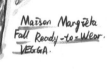

Maison Margiela
Fall Ready-to-Wear.
VEGGA.

第 05 章

服装经典图案表现技法

图案就是以不同形式和手法出现在服装面料上的纹样。描绘面料上的图案是绘制服装设计效果图中的一个重要环节，图案能够对服装设计起到很好的装饰性和辅助性作用。本章主要对常见的服装经典图案的绘制进行详细讲解，主要包括植物图案、水果图案、几何图案、动物纹图案等。植物图案近几年备受关注，除了一直深受大家喜爱的花卉图案以外，本章还会讲解叶子图案、樱桃图案的表现技法。

5.1 植物和水果图案表现技法

植物图案是服装设计效果图中最常用的一种印花图案，深受广大设计师的喜爱。植物图案一般以花卉图案为主，近几年也开始流行叶子等图案。这些图案看起来非常清爽，主要用于设计夏季服装。水果图案也是夏季服装的常用图案，因为水果会给人一种清新、凉爽的感觉，例如西瓜、樱桃、柠檬等。

5.1.1 花卉图案的表现

花卉图案的应用呈上升趋势，在过去几季的服装设计中，花卉图案的人气越来越高，丝毫没有衰退的迹象。设计时可以在深色服装上画一些色彩亮丽的花卉，也可以在浅色服装上画一些色彩淡雅的花卉。花卉图案是经久不衰的经典图案，代表着热情、浪漫和青春，是时装周上各大服装品牌的宠儿。

菊花图案小样手绘表现

1 用彩铅笔起型，画出菊花图案的轮廓。

2 不用勾线，直接填充底层面料的颜色。

3 参考轮廓线均匀绘制菊花和叶子的颜色。

4 加深菊花的暗部，以增强层次感。

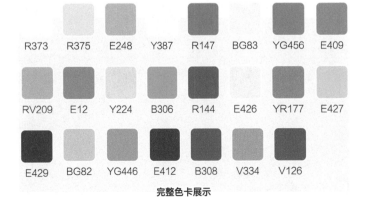

R373	R375	E248	Y387	R147	BG83	YG456	E409
RV209	E12	Y224	B306	R144	E426	YR177	E427
E429	BG82	YG446	E412	B308	V334	V126	

完整色卡展示

1. 绘制线稿。参考人体比例尺画出人体动态图，然后参考"三庭五眼"的比例画出五官和头发，再根据人体动态依次画出帽子、耳坠、包、上衣、裙子和鞋子的轮廓。画图时注意帽子边缘和头发边缘的位置关系。

2. 细化线稿。先画出包、裙子和鞋子的结构线，再画出帽子和服装上的印花图案，印花图案只要标注大小和位置即可。

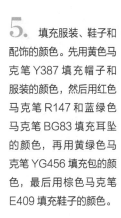

3. 勾线并填充皮肤的颜色。先用 COPIC 0.05mm 棕色勾线笔勾出头发、五官和身体的轮廓，然后用白金牌咖啡色软头勾线笔依次勾出服饰的轮廓。皮肤底色用浅肤色马克笔 R373 的软头均匀填充。

4. 加深皮肤的暗部并填充头发的颜色。用 COPIC 浅肤色马克笔 R01 或者法卡勒三代浅肤色马克笔 R375 加深皮肤的暗部，主要加深眼窝、鼻底、嘴唇、颈部、锁骨、手部和腿部等的暗部，然后用棕色马克笔 E248 填充头发的颜色。

5. 填充服装、鞋子和配饰的颜色。先用黄色马克笔 Y387 填充帽子和服装的颜色，然后用红色马克笔 R147 和蓝绿色马克笔 BG83 填充耳坠的颜色，再用黄绿色马克笔 YG456 填充包的颜色，最后用棕色马克笔 E409 填充鞋子的颜色。

6. 加深皮肤、头发和服饰的暗部。先用深肤色马克笔 RV209 加深内眼角、外眼角、鼻底和嘴唇的颜色，再继续加深颈部、锁骨、手部和腿部的暗部，然后用棕色马克笔 E12 加深包的暗部，并用棕色马克笔 E12 加深帽子的暗部，用黄色马克笔 Y224 加深服装的暗部。

7. 加深耳坠和鞋子的暗部，并添加上衣印花图案的颜色。先用蓝色马克笔 B306 和红色马克笔 R144 加深耳坠的暗部，然后用棕色马克笔 E426 绘制鞋子的暗部，再用蓝色马克笔 B306 添加帽子和上衣图案的颜色，最后用黄红色马克笔 YR177 绘制印花图案的深色部分。

8. 用棕色马克笔 E427 加深帽子、上衣和裙子的暗部，然后用深棕色马克笔 E429 加深帽子和头发的轮廓线，再用蓝绿色马克笔 BG82 填充眼球的颜色，并用黑色彩铅 499 加深五官的轮廓线，最后用印度红彩铅 492 深入刻画五官的暗部。

9. 加深包、鞋子和花卉图案的暗部。先用黄绿色马克笔 YG446 加深包的暗部，然后用深棕色马克笔 E412 加深鞋子的暗部，再用蓝色马克笔 B308 加深帽子、上衣和裙子上图案的暗部。

10. 绘制高光。先用白色颜料画出五官、头发、包和鞋子的高光，再画出帽子、上衣和裙子的高光。可以在花卉图案的表层多画一些高光点，起到装饰画面的作用。

Antonio Marras Spring
Ready-to-Wear.
VEGGA.

11. 添加背景色。背景色主要分布在身体的两侧，先用浅紫色马克笔 V334 贴紧身体的外侧轮廓线进行绘制，再用深紫色马克笔 V126 绘制细节。

5.1.2 叶子图案的表现

植物图案多以花卉图案为主，不过近几年秀场上也开始出现叶子图案。无论是深色服装还是浅色服装，叶子图案都有出现。绘制深色服装上的叶子图案时，需先画叶子图案，再画服装底色；绘制浅色服装上的叶子图案时，需先画服装底色，再画叶子图案。

叶子图案小样手绘表现

1 用彩铅笔起型，画出叶子的轮廓。 **2** 在铅笔稿的基础上直接填充叶子的颜色。 **3** 加深叶子的暗部。 **4** 继续加深叶子的暗部。

R373　RV363　E162　RV209　BG82　G56　BG309　E436　G57　SG476　SG477　BG101　191　G60　YG22　V335　V336

完整色卡展示

1. 参考人体比例尺及具体情况绘制人体动态图。先在纸上画出标准的人体动态图，然后根据实际需求进行调整，将模特的右手臂调整成弯曲的状态，上臂的长度不变。

2. 绘制线稿。先画出五官的轮廓，再画出帽子、头发、外套、腰带、背包、裤子和鞋子的轮廓，以及所有服装的结构线和褶皱线。

3. 绘制服装上的叶子图案并勾线。先用铅笔画出帽子、外套和裤子上叶子图案的轮廓，然后用 COPIC 0.05mm 棕色勾线笔勾出脸部、头发、颈部、锁骨、手部和脚踝的轮廓，再用黑色软头勾线笔勾出服饰的外轮廓线和褶皱线。

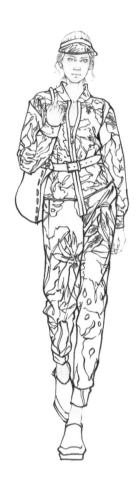

4. 勾勒叶子图案的轮廓，并填充皮肤的底色。在线稿的基础上先用黑色软头勾线笔勾出叶子的轮廓，然后用 COPIC 浅肤色马克笔 R000 或者法卡勒三代浅肤色马克笔 R373 的软头均匀填充皮肤的底色。

5. 加深皮肤的暗部。先用肤色马克笔 RV363 加深五官的暗部，主要集中加深眼窝、鼻底、嘴唇、颧骨、下巴、耳朵，以及帽子在头部形成的阴影区域；然后加深颈部、锁骨、手部和脚踝的暗部。

6. 填充头发的颜色，并细化五官。先用棕色马克笔 E162 填充头发的颜色，头顶处的高光位置采用留白的方式处理；然后用深肤色马克笔 RV209 再次加深皮肤的暗部；再用印度红彩铅 492 加深眉毛、内眼角、外眼角、鼻根、鼻底、嘴唇、颧骨和颈部等暗部。

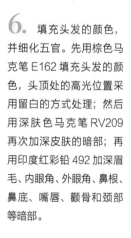

7. 用蓝绿色马克笔 BG82 填充眼球的颜色，然后用绿色马克笔 G56 填充背包的颜色，再用蓝绿色马克笔 BG309 填充帽子、外套和裤子的颜色，最后用棕色马克笔 E436 加深头发的暗部，并用黑色彩铅加深眼线、瞳孔、鼻孔、嘴唇闭合线、颧骨、脸部轮廓线和颈部等阴影。

8. 加深背包的暗部，并填充部分服饰和鞋子的颜色。先用绿色马克笔 G57 加深背包的暗部，然后用银灰色马克笔 SG476 依次填充帽子、外套拉链、腰带、衣摆和鞋子的颜色。

9. 填充叶子图案的颜色。先用绿色马克笔 G56 分别填充帽子、外套和裤子上部分叶子图案的颜色，颜色填充在叶子图案轮廓线的内侧；然后用银灰色马克笔 SG477 加深帽子、外套拉链、腰带和鞋子的暗部。

10. 填充叶子图案的颜色，加深部分服饰和鞋子的暗部。先用蓝绿色马克笔 BG101 在外套和裤子上继续填充叶子图案的颜色，然后用黑色马克笔 191 继续加深帽子、外套拉链、腰带、衣摆和鞋子的暗部。

11. 用绿色马克笔 G60 继续填充画面中叶子图案的颜色，颜色比较分散，分别在帽子、外套和裤子的位置。

12. 用黄绿色马克笔 YG22 加深叶子图案的暗部，主要集中在袖子内侧、腋下、腰带附近和膝盖附近等。

13. 绘制高光。先用樱花 0.8mm 高光笔画出五官、头发、帽子、背包和鞋子的高光，再画出外套、裤子和鞋子的高光。叶子图案上的高光既可以用高光线条表现，也可以用高光点表现。

Max Mara Spring-Summer
Ready to Wear.

VEGGA.

14. 添加背景色。背景色可以选择和服饰完全相反的色系，例如红色系、粉色系、紫色系，但颜色不要太深。范例用的是紫色系 V335 和 V336，画面的色彩和谐。

5.1.3 水果图案的表现

水果图案一直与流行元素保持着紧密联系，并赋予设计师很多创作灵感。早在18世纪就有人穿着绣有浆果图案的马甲，在20世纪60年代，设计师们则将水果元素以印花的形式运用到夏季服装中，使水果图案被大众所熟知。樱桃图案既浪漫又甜美，是适用于夏季服装的图案。

猕猴桃图案小样手绘表现

1 用彩铅笔起型，画出猕猴桃切片的圆形轮廓和叶子的轮廓。

2 在铅笔稿的基础上直接填充猕猴桃切片和叶子的颜色。

3 绘制猕猴桃切片的细节和叶子的暗部。

4 画出黑色猕猴桃籽，并加深叶子的暗部。

R373	RV363	E415	BG89	E416	PG43	E20	RV209	PG38	E417	YG49	R140	V334	R145	G56	G47

完整色卡展示

1. 绘制线稿。先参考人体比例尺画出人体动态，然后根据"三庭五眼"的比例画出五官和头发的轮廓，再根据人体动态画出裙子和鞋子的轮廓，以及裙子的结构线和褶皱线。

2. 细化线稿。用铅笔画出裙子上所有樱桃图案的轮廓，樱桃图案基本可以简化成两个圆圈和两根线条。

3. 开始勾线，并填充皮肤的底色。用 COPIC 0.05mm 棕色勾线笔勾出面部、头发、颈部、锁骨、手部、裙子和裙子上所有樱桃图案的圆形轮廓，然后用慕娜美橄榄绿硬头勾线笔勾出所有樱桃图案的绿色枝干，再用黑色软头勾线笔勾出领口、袖口和鞋子的轮廓，最后用浅肤色马克笔 R373 的软头均匀填充头部、颈部和手部皮肤的底色。

4. 加深皮肤的暗部。用法卡勒三代肤色马克笔 RV363 依次加深五官、颈部和手部等的暗部。五官的暗部主要集中在内眼角、外眼角、鼻根、鼻翼、鼻底和嘴唇阴影的位置；颈部的暗部主要集中在下巴下方、颈部两侧和锁骨的位置；手部的暗部主要集中在靠近袖口和手掌内侧的位置。

5. 用棕色马克笔 E415 填充头发的颜色。填充头发颜色时要注意头发的层次和明暗关系，可以先将头顶两侧和大波浪的高光区域留出来，以营造头发的立体效果；然后用浅肤色马克笔 R373 在皮肤上添加一层过渡色。

6. 加深五官和头发的暗部。先用蓝绿色马克笔 BG89 填充眼球的颜色，然后用棕色马克笔 E416 绘制头发的暗部，再用黑色彩铅 499 加深眉毛、上眼线、下眼线和瞳孔等的颜色，最后用印度红彩铅 492 加深五官、颈部和手部的暗部。

7. 填充裙子的颜色，并加深皮肤和头发的暗部。先用紫灰色马克笔 PG43 填充裙子的颜色，用斜头竖向填充袖子、裙子的中片和右片，裙子的左片顺着裙子内部的褶皱方向填充；然后用棕色马克笔 E20 加深头发的暗部，颜色集中在分缝位置、颈部两侧和所有大波浪曲线凹进去的位置；再用深肤色马克笔 RV209 加深皮肤的暗部。

8. 加深裙子和头发的暗部。先用紫灰色马克笔 PG38 加深裙子的暗部，暗部主要集中在腋下、胸部、袖子内侧、袖口、两腿间、辅助腿，以及所有褶皱线的位置；然后用深棕色马克笔 E417 继续加深头发的暗部；再用黄绿色马克笔 YG49 填充领口和袖口的颜色。

9. 填充樱桃图案的颜色，并绘制领口和袖口的暗部。先用红色马克笔 R140 填充樱桃图案圆形结构的颜色，然后用蓝绿色马克笔 BG89 加深裙子领口和袖口的暗部，再用黑色彩铅 499 加深头发阴影和部分轮廓线。

10. 填充鞋子的颜色，并加深樱桃图案的暗部。先用紫色马克笔 V334 填充鞋子的颜色，填充左脚和右脚的鞋面时竖向运笔，填充鞋头和鞋底时横向运笔；然后用红色马克笔 R145 加深所有樱桃图案圆形结构的暗部。

11. 绘制高光。用樱花 0.8mm 高光笔先画出五官和头发的高光，再画出领口、袖口和鞋子的高光，然后在每个樱桃图案圆形结构的左上角点一个高光点。

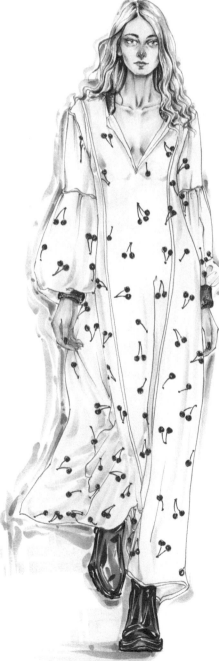

Ksenia Schnaider Spring-
Summer Ready-to-Wear.
VEGGA.

12. 添加背景色。先用浅绿色马克笔 G56 在服装的两侧进行绘制，然后用深绿色马克笔 G47 在服装的转角位置进行加深，注意可以用点和线结合的形式进行绘制。

5.2 几何图案表现技法

几何图案抽象又不失时尚感，是服装设计的重要元素之一。它经久不衰，组合方法多样，随着时代的进步不断变化。设计师在服装设计中巧妙地运用几何图案，可以更好地体现服装的特点。服装设计使用的几何图案主要包括条纹图案、方格图案、圆点图案，以及它们组合而成的图案。

5.2.1 条纹图案的表现

条纹的历史可追溯到较早出现的条纹衫，条纹衫最早是水手出海时穿着的服装。自1917年香奈儿女士推出航海系列服装之后，条纹便彻底进入了时尚圈，并成为时尚界的经典元素之一。绘制条纹图案时需注意条纹的粗细变化。

条纹图案小样手绘表现

1 绘制辅助线。

2 用深蓝色马克笔绘制不同粗细的条纹。

3 用红色马克笔继续绘制条纹，条纹粗细可以适当变化。

4 用红色勾线笔绘制细条纹。

R373	E173	E174
E435	E436	V332
E133	V333	E134
V334	BG62	BG106

完整色卡展示

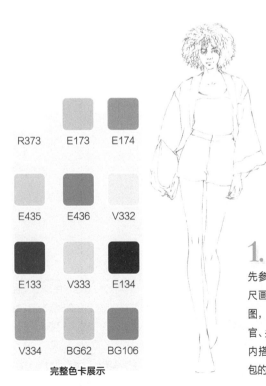

1. 绘制线稿。先参考人体比例尺画出人体动态图，然后画出五官、头发、外套、内搭、短裤和手包的轮廓。

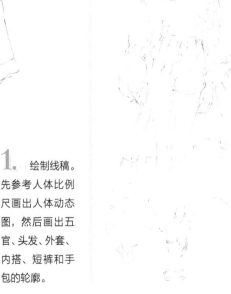

2. 完善线稿并细化服装的结构。先用铅笔画出完整的外套、脚部和鞋子的轮廓，然后画出内搭和短裤的褶皱线，再画出外套和短裤上的条纹图案。

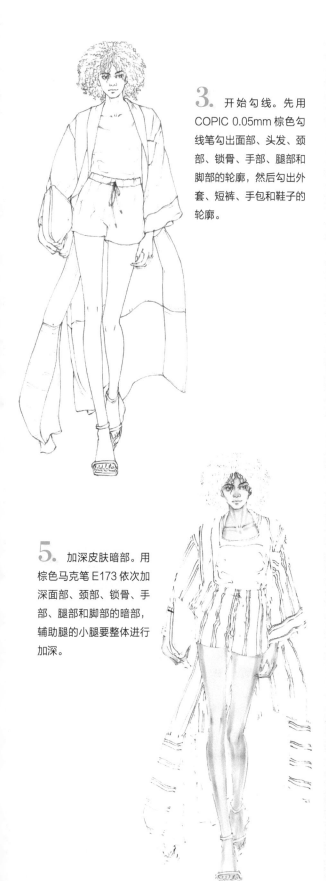

3. 开始勾线。先用 COPIC 0.05mm 棕色勾线笔勾出面部、头发、颈部、锁骨、手部、腿部和脚部的轮廓，然后勾出外套、短裤、手包和鞋子的轮廓。

4. 完成勾线并填充皮肤底色。先用慕娜美或三菱黑色硬头勾线笔勾出外套和短裤上的竖向条纹图案，然后用慕娜美灰色硬头勾线笔勾出外套底摆后面的横向条纹图案，再用浅肤色马克笔 R373 均匀填充头部、颈部、手部、腿部和脚部的皮肤底色。

5. 加深皮肤暗部。用棕色马克笔 E173 依次加深面部、颈部、锁骨、手部、腿部和脚部的暗部，辅助腿的小腿要整体进行加深。

6. 继续加深皮肤的暗部，并填充头发和内搭的颜色。先用棕色马克笔 E174 加深五官和皮肤的暗部，然后用棕色马克笔 E435 填充头发和内搭的颜色。上色时注意头发不要全部涂满，线条之间要保留一定的空隙；内搭用马克笔的斜头横向上色。

7. 加深头部和内搭的暗部，并填充其余服装的颜色。用棕色马克笔E436加深头部和内搭的暗部，头部主要加深头顶分缝、颈部两侧阴影和每根头发凹进去的位置。然后用淡紫色马克笔V332填充外套、短裤、手包和鞋子的颜色。

8. 加深头发和服装的暗部。先用深棕色马克笔E133加深头发和内搭的暗部；然后用紫色马克笔V333加深外套、短裤、手包的暗部，外套底摆的内侧不用加深；再用黑色彩铅499加深上下眼线、眉毛、瞳孔、鼻孔、嘴唇闭合线和脸部轮廓线等。

9. 用深棕色马克笔E134继续加深头发和内搭的暗部，然后用紫色马克笔V334继续加深外套、短裤、手包和鞋子的暗部，再用印度红彩铅492绘制五官的暗部以强调五官的立体感。

10. 绘制高光。用白色颜料先画出五官和头发的高光，再画出内搭、手包和鞋子的高光。

11. 添加背景色。用蓝绿色马克笔 BG62 和 BG106 集中在画面的左侧上色，画面右侧仅有少许颜色。先用浅蓝绿色马克笔 BG62 的斜头上色，再用深蓝绿色马克笔 BG106 的软头添加装饰性的点和线。

5.2.2 方格图案的表现

随着近些年复古风的流行，很多经典元素纷纷涌现，方格图案也不甘落后。除了传统的表现形式以外，方格图案还被赋予了更多的可能性，例如用不同的方格图案组合成新的图案，或者用方格图案搭配不同材质的面料。发展至今，方格图案已成为经典元素不可缺少的一部分。

方格图案小样手绘表现

   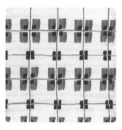

1 绘制辅助线。

2 用浅粉色马克笔填充画面。

3 用紫色马克笔的斜头绘制方格图案。

4 用深紫色马克笔绘制小方格图案。

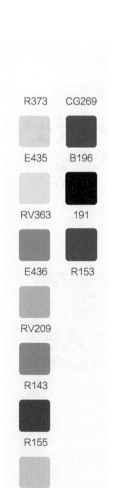

R373	CG269
E435	B196
RV363	191
E436	R153
RV209	
R143	
R155	
BG82	

完整色卡展示

1. 绘制人体动态图。参考人体比例尺在纸上画出调整后的人体动态图，标注出头部中心线和动态线。

2. 绘制线稿。先画出五官和头发的轮廓，然后画出帽子、上衣、内衣、内裤、手包和鞋子等的轮廓，以及所有服装的结构线和右侧衣袖的花纹。

3. 开始勾线。先用 COPIC 0.05mm 棕色勾线笔勾出面部、头发、颈部、腰部、手部和腿部等的轮廓，然后用吴竹黑色软头毛笔或者金万年小楷笔勾出帽子、上衣、内衣、内裤、手包和鞋子的轮廓。

4. 绘制方格线条并填充皮肤底色。先用 0.05 黑色针管笔绘制帽子、泳衣和泳裤的交叉线条，再用 COPIC 浅肤色马克笔 R000 或者法卡勒三代浅肤色马克笔 R373 均匀填充头部、颈部、胸部下方、腰部、手部和腿部的底色。

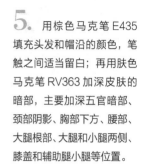

5. 用棕色马克笔 E435 填充头发和帽沿的颜色，笔触之间适当留白；再用肤色马克笔 RV363 加深皮肤的暗部，主要加深五官暗部、颈部阴影、胸部下方、腰部、大腿根部、大腿和小腿两侧、膝盖和辅助腿小腿等位置。

6. 加深头发和皮肤的暗部，并填充上衣的颜色。先用棕色马克笔 E436 加深头发的暗部，主要加深分缝位置和颈部两侧的头发；然后用深肤色马克笔 RV209 分别加深眉毛、内眼角、外眼角、鼻底、嘴唇、嘴唇阴影、颈部阴影、胸部下方、手部、大腿根部、膝盖和辅助小腿两侧等位置；再用红色马克笔 R143 填充帽檐和上衣的颜色，以及手包、内衣和内裤的部分颜色。

7. 加深上衣等的暗部，并填充服装的颜色。先用红色马克笔 R155 加深帽檐和上衣的暗部，然后用蓝绿色马克笔 BG82 填充眼球的颜色，再用冷灰色马克笔 CG269 均匀填充帽子、颈部饰品、内衣、内裤和手包的颜色，最后用黑色彩铅 499 加深上眼线、下眼线、瞳孔、鼻孔、嘴唇闭合线和脸部轮廓线等。

8. 填充方格图案和鞋子的颜色。用深蓝色马克笔 B196 填充帽子、颈部饰品、内衣、内裤和手包上较深的方格颜色；然后继续用 B196 填充鞋子的颜色，填充鞋面颜色时竖向运笔，填充鞋头颜色时横向运笔，注意适当留白。

Tommy Hilfiger Spring
Ready-to-Wear.
VEGGA.

9. 加深方格图案和鞋子的暗部。用黑色马克笔 191 加深方格图案中每个格子的暗部，再用同一支笔加深鞋子的暗部。

10. 绘制高光，并添加背景色。先用樱花 0.8mm 高光笔画出五官、头发、帽子、服装和鞋子上的高光，然后用红色马克笔 R153 主要在画面的左侧添加背景色。

5.2.3 圆点图案的表现

近年来，圆点图案在时装秀上出现的频率逐年提高，各大品牌都借着复古风推出圆点系列。生活中的圆点图案经常出现在裙子、外套和打底衫上，其中最经典的就是黑白圆点，时髦且凸显气质。

圆点图案小样手绘表现

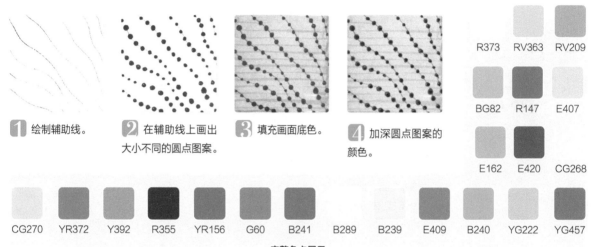

1 绘制辅助线。

2 在辅助线上画出大小不同的圆点图案。

3 填充画面底色。

4 加深圆点图案的颜色。

R373　RV363　RV209

BG82　R147　E407

E162　E420　CG268

CG270　YR372　Y392　R355　YR156　G60　B241　B289　B239　E409　B240　YG222　YG457

完整色卡展示

1. 绘制线稿。先画出人体动态图，然后根据"三庭五眼"的比例画出五官和头发的轮廓，再根据人体动态图画出服装和鞋子的轮廓。

2. 细化线稿，绘制服装上的图案。先画出上衣上的圆点图案和领口图案，再画出裙子上的木屋和椰子树图案。

3. 开始勾线。先用
COPIC 0.05mm 棕色勾
线笔勾出五官、脸型、头
发、颈部、腰部、手部和
腿部的轮廓，然后用黑色
勾线笔勾出裙子印花图形
和鞋子的轮廓。

4. 填充皮肤底色。
用 COPIC 浅肤色马克
笔 R000 或者法卡勒三
代浅肤色马克笔 R373
均匀填充头部、颈部、
手臂、手部、腿部和脚
部的底色。

5. 加深皮肤的暗部。
用肤色马克笔 RV363
依次加深面部、颈部、
手臂、手部、腿部和脚
部的暗部。面部主要加
深内眼角、外眼角、鼻头、
鼻底、嘴唇、嘴唇阴影、
颧骨和耳朵等位置。

6. 继续加深皮肤的
暗部。先用深肤色马克
笔 RV209 再次加深皮
肤的暗部和眉毛，然后
用蓝绿色马克笔 BG82
填充眼球的颜色，再用
红色马克笔 R147 填充
嘴唇的颜色。

7. 填充头发的颜色，并刻画五官。先用浅棕色马克笔 E407 填充头发的颜色，高光位置做留白处理；然后用黑色彩铅 499 加深眉毛、眼线、瞳孔、鼻孔、嘴唇闭合线和脸部轮廓线等的颜色；再用印度红彩铅 492 绘制五官的暗部；继续用冷灰色马克笔 CG268 绘制白色衬衫和裙子的暗部，亮部区域直接留白。

8. 加深头发的暗部，并填充服装的颜色。先用棕色马克笔 E162 和 E420 加深头发的暗部，然后用冷灰色马克笔 CG268 填充上衣和裙子的颜色，再用冷灰色马克笔 CG270 绘制上衣和裙子的暗部。

9. 填充头发、服装图案和鞋子的颜色。先用黄红色马克笔 YR372 填充头发、上衣圆点图案和裙子部分印花图案的颜色，然后用黄色马克笔 Y392 填充裙子上的纽扣、裙子部分印花图案和鞋子的颜色。

10. 加深服装印花图案和鞋子的颜色。用红色马克笔 R355 加深嘴唇的颜色，用黄红色马克笔 YR156 加深圆点图案的暗部，用红色马克笔 R355、绿色马克笔 G60 填充裙子上的印花图案，最后用红色马克笔 R355、绿色马克笔 G60 和蓝色马克笔 B241 绘深鞋子。

11. 添加裙子上印花图案的颜色。用淡蓝色马克笔 B289 和 B239 绘制裙子上印花图案的蓝天，然后用棕色马克笔 E409 绘制木屋和腰带扣的颜色，再用红色马克笔 R355 加深腰带条纹的颜色。

12. 继续添加裙子上印花图案的颜色。分别在印花图案中添加蓝色 B240、黄绿色 YG222 和 YG457，为印花图案上色。

13. 绘制高光，并添加背景色。先用黑色软头勾线笔勾出服装的部分轮廓，主要强调服装的转角位置；然后用樱花 0.8mm 高光笔画出头部、服装和鞋子的高光；再用黄红色马克笔 YR372 和 YR156 绘制背景色。

动物纹图案表现技法

动物纹指动物皮毛上的纹路。动物纹自然又富于变化，因此深受时装设计师的喜爱。最开始被应用到服装中的是豹纹，现在市面上也可以看到斑马纹、奶牛纹、长颈鹿纹和蟒纹等，设计手法也更加夸张、大胆，例如炫彩豹纹、变异斑马纹、异域皮纹等。

5.3.1 奶牛纹的表现

动物纹一直是经久不衰的时尚元素之一，其中奶牛纹深受时装设计师的喜爱，并被大量运用在服装、鞋子和一些配饰的设计中，经典的黑白花纹充满了纯真与童趣。

奶牛纹图案小样手绘表现

1 用铅笔绘制奶牛纹的轮廓线。

2 用黑色绘制奶牛纹的颜色。

3 绘制不同的背景色作为参考。

R373	RV363	E430
RV209	E431	YG14
E20	E416	E415
R355	BG82	SG472
SG473	R146	R140
YG16	PG40	WG471
BG84		

完整色卡展示

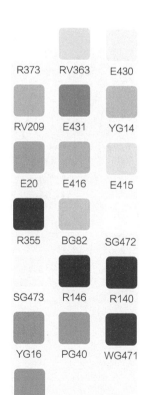

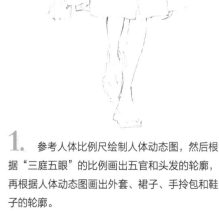

1. 参考人体比例尺绘制人体动态图，然后根据"三庭五眼"的比例画出五官和头发的轮廓，再根据人体动态图画出外套、裙子、手拎包和鞋子的轮廓。

2. 细化线稿，绘制外套的细节、裙子的奶牛纹图案、腰带和鞋子的结构线、手拎包的结构线等。

3. 勾线并填充皮肤的底色。先用 COPIC 0.05mm 棕色勾线笔勾出面部、头发、颈部、锁骨、手部、腿部和鞋子的轮廓，然后用黑色软头勾线笔勾出外套、裙子和手拎包的轮廓，再用浅肤色马克笔 R373 均匀填充皮肤的底色。

4. 加深皮肤的暗部。先用肤色马克笔 RV363 加深五官的暗部，以及头发在面部形成的阴影；然后继续加深下巴下方、颈部两侧、锁骨、手部和腿部的暗部，着重加深辅助腿的小腿。

5. 填充头发、外套和鞋子的颜色。先用浅棕色马克笔 E430 的软头填充头发和鞋子的颜色，再用斜头填充外套的颜色，画面中可以适当留白。

6. 加深皮肤和头发的暗部。先用深肤色马克笔 RV209 加深皮肤的暗部；然后用棕色马克笔 E431 加深头发的暗部，主要加深头发分缝、鬓角两侧和颈部两侧的位置。

7. 填充手拎包的颜色，并继续加深五官、头发和外套的暗部。先用黄绿色马克笔 YG14 填充手拎包的颜色；然后用黑色彩铅 499 加深五官暗部；再用棕色马克笔 E20 加深头发和外套的暗部，外套的暗部主要集中在领子边缘、肩膀、袖子内侧和褶皱处等。

8. 加深外套的暗部，并填充嘴唇的颜色。先用深棕色马克笔 E416 加深外套的暗部，然后用浅棕色马克笔 E415 整体加深外套的颜色，再用红色马克笔 R355 绘制嘴唇的颜色。

9. 用蓝绿色马克笔 BG82 填充眼球的颜色，用银灰色马克笔 SG472 和 SG473 绘制里层裙子、外套领子和鞋子的颜色，再用红色马克笔 R146 和 R140 填充袖口的颜色，最后用黄绿色马克笔 YG16 加深手拎包的暗部。

10. 用紫灰色马克笔 PG40 填充外套纽扣的颜色、里层裙子奶牛纹的颜色和外套领子的颜色。

11. 用暖灰色马克笔 WG471 加深外套领子的颜色和奶牛纹暗部的颜色，包括裙子腰带位置的奶牛纹颜色。

No.21 Fall
Ready to Wear
VEGGA.

12. 绘制高光，并添加背景色。先用樱花 0.8mm 高光笔依次画出五官、头发、手拎包、外套、裙子和鞋子的高光；然后用蓝绿色马克笔 BG82 和 BG84 绘制背景色，颜色主要集中在画面的左侧。

5.3.2 老虎纹的表现

老虎纹是野性的体现，在当下的时尚圈中风头不减，在秀场、宴会和商场中都能看到。老虎纹个性狂野，给人以霸气的感觉。

老虎纹图案小样手绘表现

 ① 绘制彩色线稿。

 ② 填充棕色底色。

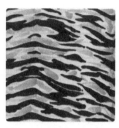 ③ 绘制黑色老虎纹。

④ 绘制深棕色老虎纹。

 R373　 V333　 V336　 E435　 E436　 BG82　 Y391　E133　Y392　Y17　 E134　 BV108

完整色卡展示

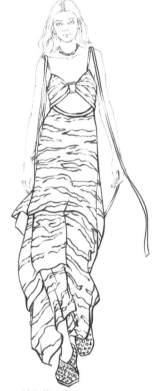

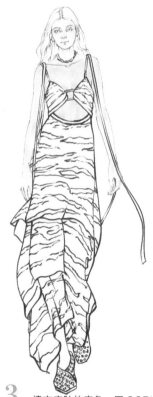

1. 绘制线稿。先用铅笔在纸张的中间位置画一幅正面人体的行走动态图，然后绘制五官、头发、服饰和鞋子的轮廓，再画出裙子上的老虎纹图案。

2. 开始勾线。先用 COPIC 0.05mm 棕色勾线笔勾出面部、头发、颈部、锁骨、手臂和手部的轮廓，然后用吴竹黑色软头毛笔或者金万年小楷笔勾出服饰和鞋子的轮廓。

3. 填充皮肤的底色。用 COPIC 浅肤色马克笔 R000 或者法卡勒三代浅肤色马克笔 R373 的软头均匀填充头部、颈部、胸部、腰部、手臂和手部的底色。

4. 加深皮肤的暗部。用紫色马克笔 V333 分别加深眉毛、内眼角、外眼角、鼻底、嘴唇、耳朵、颈部、锁骨、胸部、腰部、腋下、手臂和手肘等位置，让皮肤整体偏紫。

5. 用紫色马克笔 V336 继续加深皮肤的暗部，暗部区域参考步骤 4。如果觉得皮肤的明暗对比太明显，可以用浅肤色马克笔 R373 和紫色马克笔 V333 在皮肤的表层绘制过渡色。

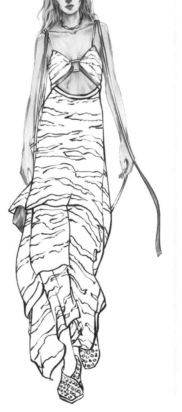

6. 填充头发的颜色，并深入刻画五官。先用棕色马克笔 E435 绘制头发和部分服饰的颜色；然后用棕色马克笔 E436 绘制头发的暗部，主要加深头发分缝、鬓角两侧和颈部两侧等位置；再用黑色彩铅 499 加深上下眼线、瞳孔、鼻孔和嘴唇闭合线的颜色。

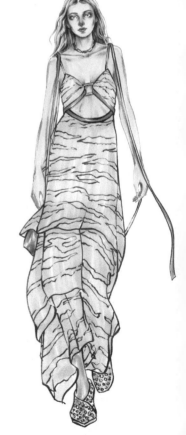

7. 填充眼球、服饰和鞋子的颜色，并加深头发暗部的颜色。先用蓝绿色马克笔 BG82 填充眼球的颜色，然后用黄色马克笔 Y391 填充裙子的颜色，再用棕色马克笔 E435 绘制鞋子、腿的颜色，最后用深棕色马克笔 E133 加深头发的暗部。

8. 加深裙子的暗部，并填充老虎纹的颜色。先用黄色马克笔 Y392 和 Y17 加深裙子的暗部，暗部主要集中在裙子侧面和褶皱的位置；然后用棕色马克笔 E435 填充老虎纹和鞋面装饰的颜色。

9. 用深棕色马克笔 E134 加深老虎纹和鞋子的暗部。加深老虎纹的暗部时不要将底层的浅棕色全部覆盖掉，要保留部分底层的颜色。

10. 绘制高光。先用樱花 0.8mm 高光笔画出眼睛、鼻子和嘴唇的高光，再画出头发、颈部饰品、裙子和鞋子的高光。

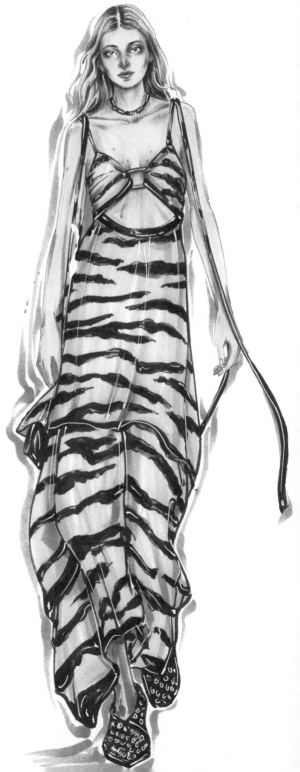

11. 添加背景色。用蓝紫色马克笔 BV108 分别在裙子的两侧进行绘制，背景色主要集中在画面的左侧，也可以用深浅不同的两种颜色绘制背景色。

第 06 章

服装常见款式
表现技法

服装款式是服装设计表达的初级阶段。
一般的服装结构、流行元素和面料质地
结构指的是服装的框架和内部
指的是服装的图案和颜色，
所使用的材质。服装的分类
两种：一种是按照廓形分成
T型；另一种是按照款式分
内衣等，本章主要对服装
法进行详细讲解。

6.1 裙装表现技法

　　裙装具有穿脱方便、样式美观等特点。按照裙长不同，裙装可分为拖地长裙、长裙、中长裙、过膝裙、短裙和超短裙；按照腰线的高低，裙装可分为中腰裙、低腰裙、高腰裙、连衣裙和无腰裙；按照外观造型的不同，裙装可分为抽褶裙、休闲裙和直身裙等。本节主要对不同外观造型的裙装的表现技法进行详细讲解。

6.1.1 抽褶裙的表现

　　抽褶赋予服装丰富的造型变化，具有很强的功能性和装饰性，被广泛用于裙子、外套、打底上衣以及服装局部细节的设计中。抽褶服装是把较长的面料抽褶成较短的面料后再应用到服装设计中，使服装看起来更加别致和美观。抽褶裙是抽褶服装中最具代表性的一种。

抽褶面料上色技巧

1 用彩铅笔绘制线稿。

2 填充面料的颜色。

3 根据褶皱线的位置绘制暗部。

4 添加高光。

R373	R375	V335	BV113
RV131	BG82	RV345	RV207
BG87	BG89	BG88	NG282
191	BV192	YR167	YR176

完整色卡展示

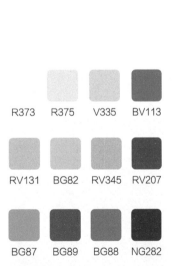

1. 绘制彩色线稿。参考人体比例尺画出人体动态图，然后根据"三庭五眼"的比例画出五官和头发的轮廓，再根据人体动态图画出帽子、裙子、手套、饰品和雨伞的轮廓。

2. 填充皮肤的底色。在彩色线稿的基础上直接用 COPIC 浅肤色马克笔 R000 或者法卡勒三代浅肤色马克笔 R373 的软头依次填充头部、颈部、胸腔、腰部、手臂、手部、腿部和脚部的底色。

3. 加深皮肤的暗部。用COPIC 浅肤色马克笔 R01或者法卡勒三代浅肤色马克笔 R375 加深皮肤的暗部。其中，头部主要加深内眼角、外眼角、鼻根、鼻底、人中、嘴唇、颧骨、额头和耳朵等位置的暗部，躯干主要加深锁骨、腋下、手臂两侧和胸部等位置。

4. 用紫色马克笔V335 分别加深头部、颈部、胸部、腰部、手臂、手部、腿部和脚部的暗部，并填充耳坠和颈部项链的颜色，然后用蓝紫色马克笔 BV113 刻画头部、五官，以及部分饰品和服装的轮廓。

5. 加深皮肤的暗部，并填充饰品和服装等的颜色。先用紫红色马克笔RV131 继续加深皮肤的暗部，然后用蓝绿色马克笔 BG82 填充眼球、帽子、裙子、手套和雨伞的颜色，画面中可以大面积做留白处理。

6. 加深饰品和服装的暗部。先用紫红色马克笔RV345 和 RV207 加深饰品的暗部，并加深部分皮肤的暗部；然后用蓝绿色马克笔 BG82 填充裙子剩余部分的颜色；再分别用蓝绿色马克笔 BG87 和深蓝绿色马克笔 BG89 加深帽子底侧、雨伞和画面左侧裙摆的暗部，并刻画部分服装的轮廓。

7. 加深帽子、雨伞和裙子的暗部。先用深蓝绿色马克笔 BG88 和 BG89 两种颜色加深帽子、雨伞和裙摆的暗部，主要集中在帽子底侧和裙摆左侧；然后用深灰色马克笔 NG282 填充裙子上花朵的颜色，以及加深裙子和雨伞的暗部。

8. 整体加深服饰的颜色。先用黑色马克笔 191 加深帽子、裙子和雨伞的轮廓，然后用蓝紫色马克笔 BV192 整体加深帽子、皮肤、裙子、手套和雨伞的颜色，再用橘红色马克笔 YR167 和 YR176 加深帽子在头部形成的阴影、肩膀转折点、左手臂内侧、腋下、左侧胸部、左腿膝盖和右腿大腿等位置。

9. 绘制高光。先用白色颜料画出眼睛、鼻子和嘴唇的高光，再画出帽子、裙子、手套、饰品和雨伞等的高光。

10. 添加头部网纱，并添加背景色。先用紫色铅笔直接在面部用曲线绘制网纱，然后在每个曲线交叉点的位置加深颜色，再用紫红色马克笔 RV345 和 RV207 主要在画面的右侧添加背景色（先用 RV345 绘制，再用 RV207 加深）。

6.1.2 休闲裙的表现

休闲服装是现代新兴的一种服装类别，是人们在闲暇时所穿着的服装，以舒适为主要特点。其中，休闲裙一直以来深受女性的喜爱，适用于多种不同的场合，例如游玩、工作、约会等。

压褶面料上色技巧

1 用彩铅笔绘制轮廓线和褶皱线。

2 填充面料的底色。

3 加深褶皱的暗部。

4 添加高光。

 R373　 RV363　BV318　E406　 E124　 BG82　 RV209　 BV319　 BG62

E407　E408　YG457　PG39　E428　 YG21　BV108　PG40　191

完整色卡展示

1. 绘制线稿。先参考人体比例尺画出人体动态图，然后根据"三庭五眼"的比例画出五官和头发的轮廓，再根据人体动态图画出外套、衬衫、裙子和鞋子的轮廓。

2. 开始勾线。先用 COPIC 0.05mm 棕色勾线笔勾出面部、头发、颈部和手部的轮廓，然后用吴竹黑色软头毛笔或者金万年小楷笔勾出外套、衬衫、裙子和鞋子的轮廓，再勾出所有服装的结构线和褶皱线。

3. 填充皮肤的底色。用 COPIC 浅肤色马克笔 R000 或者法卡勒三代浅肤色马克笔 R373 的软头均匀填充头部、颈部和手部的底色。

4. 加深皮肤的暗部，并填充部分服装的颜色。先用肤色马克笔 RV363 加深皮肤的暗部，主要加深内眼角、外眼角、鼻底、嘴唇、耳朵和颈部阴影等位置；然后用蓝紫色马克笔 BV318 填充衬衫的颜色。

5. 填充头发和裙子的颜色，并加深皮肤和衬衫的暗部。用浅棕色马克笔 E406 填充头发的颜色，用棕色马克笔 E124 填充裙子和鞋子的颜色，用蓝绿色马克笔 BG82 填充眼球的颜色，用深肤色马克笔 RV209 继续加深皮肤的暗部，最后用蓝紫色马克笔 BV319 加深衬衫的暗部。

6. 填充外套的颜色，并深入刻画五官和头部。先用蓝绿色马克笔 BG62 填充外套的颜色，然后用棕色马克笔 E407 加深头发分缝和耳朵两侧等位置的颜色，再用黑色彩铅 499 和印度红彩铅 492 增强五官的立体效果。

7. 加深头发和服装的暗部。先用棕色马克笔 E408 加深头发的暗部，然后用黄绿色马克笔 YG457 加深外套的暗部，再用紫灰色马克笔 PG39 加深裙子的暗部。

8. 继续加深头发和服装的暗部。先用紫色马克笔 E428 加深头发的暗部，然后用黄绿色马克笔 YG21 加深外套的暗部，再用蓝紫色马克笔 BV108 加深衬衫和鞋子的暗部，最后用紫灰色马克笔 PG40 加深裙子的暗部。

9. 添加细节。先用黑色马克笔 191 加深耳坠的轮廓，并绘制裙子表层的圆点图案，然后用黑色彩铅 499 加深颈部两侧头发的暗部。

10. 绘制高光。先用樱花 0.8mm 高光笔画出眼睛、鼻子、嘴唇和头发的高光，然后画出耳坠、衬衫、外套和裙子等的高光。服装上的高光线主要画在暗部颜色的表层。

Zimmermann
Fall
Ready-to-Wear.
VEGGA.

11. 添加背景色。先用蓝绿色马克笔 BG62 主要在画面左侧和脚底位置进行添加，然后用黄绿色马克笔 YG457 在 BG62 的基础上添加小面积的深色，完成绘制。

6.1.3 直身裙的表现

直身裙也被称为筒裙，是裙装中的基础款，具有简单、实用、方便等特点。直身裙的样式贴合人体状态，其他类型的裙装多由它演变而来。直身裙的样式变化体现在裙子的长短、褶皱和分割线上。

层叠效果上色技巧

① 用彩铅笔绘制轮廓线和褶皱线。

② 在线稿的基础上填充面料的颜色。

③ 加深暗部，主要加深褶皱位置。

④ 添加高光。

| R373 | RV363 | E406 | RV209 | E407 | YR163 | NG277 | BG82 | E408 | NG278 | E417 | NG279 | NG281 | BG87 |

完整色卡展示

1. 绘制人体动态图和部分服装的轮廓。先用铅笔画出人体动态图，然后参考"三庭五眼"的比例画出五官和头发的轮廓，再根据人体动态图画出直身裙的轮廓。

2. 细化线稿。先画出颈部饰品、内衣和鞋子的轮廓，再画出直身裙的褶皱线、纽扣的轮廓、腰部的细节和鞋子的结构线。

3. 开始勾线。先用 COPIC 0.05mm 棕色勾线笔勾出面部、头发、颈部、锁骨、胸部、手臂、手部、小腿和脚部的轮廓，然后用吴竹黑色软头毛笔或金万年小楷笔勾出颈部饰品、内衣、直身裙和鞋子的轮廓，以及所有服装的结构线和褶皱线。

4. 填充皮肤的底色。用 COPIC 浅肤色马克笔 R000 或者法卡勒三代浅肤色马克笔 R373 的软头均匀填充头部、颈部、胸部、腰部、手臂、手部、小腿和脚部的底色。

5. 加深皮肤的暗部。用肤色马克笔 RV363 依次加深头部、躯干、四肢的暗部。头部主要加深内眼角、外眼角、鼻底、鼻翼、嘴唇、嘴唇阴影、耳朵和颧骨等位置，躯干主要加深颈部、锁骨、胸部、腋下和腰部两侧等位置，四肢主要加深手臂、手部、腿部两侧和脚部等位置。

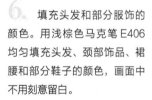

6. 填充头发和部分服饰的颜色。用浅棕色马克笔 E406 均匀填充头发、颈部饰品、裙腰和部分鞋子的颜色，画面中不用刻意留白。

7. 加深皮肤、头发和饰品的暗部，并填充服装的颜色。先用深肤色马克笔 RV209 加深皮肤的暗部，然后用棕色马克笔 E407 加深头发的暗部，再用黄红色马克笔 YR163 加深颈部饰品和部分鞋子的暗部，最后用中灰色马克笔 NG277 填充内衣和直身裙的颜色。

8. 深入刻画五官，并继续加深服装的暗部。先用黑色彩铅 499 深入刻画五官的细节，然后用印度红彩铅 492 加深内眼角、外眼角、鼻底、嘴唇和颧骨等位置，再用蓝绿色马克笔 BG82 填充眼球的颜色，并用棕色马克笔 E408 加深头发和裙腰的暗部，最后用中灰色马克笔 NG278 绘制内衣和直身裙的暗部并填充鞋子的颜色。

9. 加深头发和服装的暗部。先用黑色彩铅 499 加深颈部两侧头发的暗部，然后用印度红彩铅 492 绘制面部的雀斑，再用棕色马克笔 E417 绘制头发、裙腰和鞋子的暗部，最后用深灰色马克笔 NG279 和 NG281 绘制内衣和直身裙的暗部，并填充裙子纽扣的颜色。

10. 绘制高光。先用樱花 0.8mm 高光笔或者白色颜料画出眼睛、鼻子、嘴唇和头发的高光，面部的高光面积较小，画图时要控制好下笔力度；然后画出颈部饰品、内衣、直身裙和鞋子等的高光。

11. 添加背景色。背景色主要集中在画面左侧和鞋底的位置，用蓝绿色马克笔 BG87 主要围绕身体左侧的轮廓线进行上色。

6.2 裤装表现技法

　　裤装是由腰头、裆部、裤前片和裤后片缝合而成的。因为男女在体型上存在较大的差异，所以男女裤的裁剪方式不同，女裤腰头的凹陷比男裤腰头显著，且女裤的后省量更大。裤装按裤长可分为长裤、九分裤、七分裤、五分裤、短裤和超短裤等，按外观造型可分为休闲裤、运动裤和破洞裤等。本节讲解不同外观造型的裤子。

6.2.1 休闲裤的表现

　　休闲裤具有面料舒适、款式宽松、简约百搭、穿着无束缚等特点，适合在多种不同的场合穿着，无论是上班穿还是逛街穿都很合适。休闲裤在时尚界中从未消失过，一直深受现代年轻人的追捧。

省道位置细节上色技巧

1 用彩铅笔绘制裤子和省道位置交叉带的轮廓。　　2 在线稿的基础上直接填充裤子的颜色。　　3 加深裤子的暗部。　　4 添加裤子上的条纹图案和交叉带的细节。　　5 用高光笔添加条纹和交叉带上的高光。

R373　　RV363　　RV209　　E435　　PG39　　E124　　E132　　SG475　　E133　　BV109

完整色卡展示

1. 绘制人体动态图。参考人体比例尺在纸上画出标准的人体动态图，然后根据实际情况调整手臂的造型。

2. 绘制线稿。先画出面部和头发的轮廓，然后画出圆领上衣、背包、休闲裤和鞋子的轮廓，再画出服装的褶皱线。

3. 勾线并填充皮肤的底色。用COPIC 0.05mm棕色勾线笔勾出头部、头发、颈部、腰部和手部的轮廓，用吴竹黑色软头毛笔勾出圆领上衣、背包、休闲裤和鞋子的轮廓，以及上衣上的字母图案，再用浅肤色马克笔R373填充皮肤的底色。

4. 加深皮肤的暗部，并填充头发的颜色。先用肤色马克笔 RV363 加深皮肤的暗部，然后用棕色马克笔 E435 填充头发的颜色。

5. 加深皮肤的暗部，并填充圆领上衣的颜色。先用深肤色马克笔 RV209 继续加深五官、颈部、腰部和手部等的暗部，然后用棕色马克笔 E435 填充圆领上衣的颜色（先用马克笔的斜头大面积上色，再用软头加深暗部）。

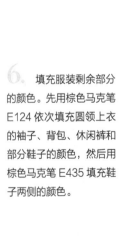

6. 填充服装剩余部分的颜色。先用棕色马克笔 E124 依次填充圆领上衣的袖子、背包、休闲裤和部分鞋子的颜色，然后用棕色马克笔 E435 填充鞋子两侧的颜色。

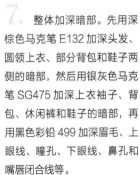

7. 整体加深暗部。先用深棕色马克笔 E132 加深头发、圆领上衣、部分背包和鞋子两侧的暗部，然后用银灰色马克笔 SG475 加深上衣袖子、背包、休闲裤和鞋子的暗部，再用黑色彩铅 499 加深眉毛、上眼线、瞳孔、下眼线、鼻孔和嘴唇闭合线等。

8. 加深服装的暗部，并绘制高光。先用深棕色马克笔 E133 加深圆领上衣和袖子衔接处，再继续加深背包和头发的暗部，然后用樱花0.8mm 高光笔或者白色颜料画出五官、头发、圆领上衣、背包、休闲裤和鞋子上的高光。

Emporio Armani Spring
Ready - to - Wear
VEGGA

9. 添加背景色。用蓝紫色马克笔 BV109 主要在画面的左侧添加，上色时注意运笔的方向和灵活性。

6.2.2 运动裤的表现

运动裤是在运动时穿着的裤子，它对面料有着特殊的要求，具有透气性好、弹性好、吸湿排汗和速干等特点。运动是现代人一种积极向上的生活方式，运动裤也成了现代人不可缺少的服装之一。

交叉带细节上色技巧

1 用彩铅笔绘制裤子交叉带的轮廓。

2 填充面料和交叉带的颜色。

3 整体加深暗部。

4 添加高光。

R373　RV363　E415　R355　RV209　E416　B327　B196　BG82　CG269　R142　BV113　CG271　G47　G60

完整色卡展示

1. 绘制线稿。先画出人体动态图，然后参考"三庭五眼"的比例画出五官和头发的轮廓，再根据人体动态图画出帽子、颈部装饰、运动背心、运动裤和鞋子的轮廓，最后画出所有服装的结构线和褶皱线。

2. 开始勾线。先用 COPIC 0.05mm 棕色勾线笔勾出面部、头发、手臂、手部和腰部的轮廓，然后用吴竹黑色软头毛笔或金万年小楷笔勾出帽子、颈部装饰、运动背心、背包、运动裤和鞋子的轮廓，以及服装的结构线和褶皱线。

3. 填充皮肤的底色。用 COPIC 浅肤色马克笔 R000 或法卡勒三代浅肤色马克笔 R373 的软头均匀填充头部、颈部、腰部、手臂和手部的底色。

4. 加深皮肤的暗部。用肤色马克笔 RV363 进行皮肤暗部的加深，头部主要加深内眼角、外眼角、鼻底、嘴唇和耳朵等位置，手臂主要加深手臂两侧和手肘等位置。

5. 填充头发和部分帽子、服装的颜色。先用浅棕色马克笔 E415 填充头发的颜色，高光位置可留白也可涂满；然后用大红色马克笔 R355 填充帽檐、部分运动背心和背包、运动裤腰头的位置。如果觉得肤色太浅，可以继续用浅肤色马克笔 R373 进行叠色。

6. 继续加深皮肤的暗部，并填充剩余部分服饰的颜色。先用深肤色马克笔 RV209 加深皮肤的暗部，然后用棕色马克笔 E416 绘制头发的暗部，再用蓝色马克笔 B327 绘制帽子的格子图案、运动背心和运动裤的部分颜色（绘制运动背心的颜色时横向运笔，绘制运动裤的颜色时竖向运笔），最后用深蓝色马克笔 B196 均匀绘制颈部装饰和背包肩带的颜色。

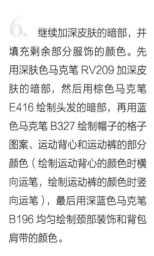

7. 整体加深暗部，并细化五官。先用蓝绿色马克笔 BG82 填充眼球的颜色，再用冷灰色马克笔 CG269 填充运动背心的侧面和鞋子的颜色，然后用红色马克笔 R142 加深帽檐、运动背心和运动裤腰头的暗部，并用深蓝色马克笔 B196 加深帽子的格子图案、颈部装饰、运动背心上半部、运动裤腰头上半部和运动裤等的暗部，最后用黑色彩铅 499 细化五官。

8. 绘制运动裤的过渡色，加深鞋子的暗部。用蓝紫色马克笔 BV113 在运动裤的表层绘制过渡色，颜色主要画在运动裤的底色和暗部颜色之间；然后用冷灰色马克笔 CG271 加深鞋子的暗部。

10. 添加背景色。先用绿色马克笔 G47 紧贴模特身体轮廓进行背景色的添加，然后用深一些的绿色马克笔 G60 在服装的转角位置进行背景色的加深。

Tommy Hilfiger Spring Ready-to-Wear. VEGGA.

9. 绘制高光。先用樱花 0.8mm 高光笔画出眼睛、鼻子、嘴唇和头发的高光，再画出帽子、运动背心、背包肩带、运动裤和鞋子等的高光，然后画出帽檐上的白色字母。

6.2.3 破洞裤的表现

破洞裤经历了几个不同阶段，从最开始的结实厚重到舒适轻巧，再到后来的刻意做旧，吸引了大量年轻人的目光。它的颜色以蓝色为主，画图时需注意颜色的选择。

腰部细节上色技巧

1 用彩铅笔绘制腰部的轮廓和结构线。　　**2** 填充裤子的颜色，画面中适当留白。　　**3** 加深裤子的暗部。　　**4** 继续加深裤子的暗部。　　**5** 用白色颜料绘制裤子的高光和细节。

| R373 | RV363 | RV209 | RV344 | E407 | YR167 | E436 | Y390 | B325 | E408 | R355 | YR176 |

| E133 | Y6 | Y5 | E166 | B326 | E173 | E174 | B327 | B196 | B115 | V332 | V334 |

完整色卡展示

1. 绘制线稿。参考人体比例尺画出人体动态图，然后参考"三庭五眼"的比例画出五官和头发的轮廓，再参考人体动态图画出服饰和鞋子的轮廓，以及服装的结构线和褶皱线。

2. 填充皮肤的底色。先用浅肤色马克笔 R373 绘制模特裸露的皮肤的底色，然后用肤色马克笔 RV363 加深五官、颈部、锁骨、手臂两侧、手肘、大腿根部和脚部的暗部，再用深肤色马克笔 RV209 加深模特的左肩、左手臂和左手的颜色。

3. 填充皮肤和头发的颜色。先用紫红色马克笔 RV344 填充皮肤的颜色，然后用浅棕色马克笔 E407 填充画面右侧头发的颜色。上色时不用将画面全部涂满，留白位置可以参考步骤图。

4. 加深皮肤的暗部，并填充服装的颜色。先用黄红色马克笔 YR167 加深头发在脸上形成的阴影、右眼的眼角、颈部的阴影、锁骨、左手臂、左手和左脚等位置，然后用棕色马克笔 E436 填充肩带的颜色，再用黄色马克笔 Y390 填充上衣的颜色，最后用蓝色马克笔 B325 填充裤子和鞋子的颜色。

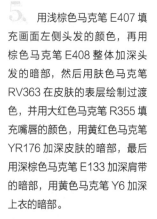

5. 用浅棕色马克笔 E407 填充画面左侧头发的颜色，再用棕色马克笔 E408 整体加深头发的暗部，然后用肤色马克笔 RV363 在皮肤的表层绘制过渡色，并用大红色马克笔 R355 填充嘴唇的颜色，用黄红色马克笔 YR176 加深皮肤的暗部，最后用深棕色马克笔 E133 加深肩带的暗部，用黄色马克笔 Y6 加深上衣的暗部。

6. 继续加深上衣的暗部。用黄色马克笔 Y5 加深画面右侧上衣的暗部，画面左侧稍微画两笔即可。

7. 加深头发和服装的暗部，并细化五官。先用深棕色马克笔 E166 加深头发的暗部，主要加深头发分缝和颈部两侧的位置；然后用黄红色马克笔 YR167 和 YR176 继续加深内眼角、外眼角、鼻根、鼻底和颧骨等位置；再用蓝色马克笔 B326 绘制裤子和鞋子的暗部。

8. 继续加深头发和服装的暗部。先用棕色马克笔 E173 和 E174 加深头发的暗部，画面左侧的头发暗部区域较小，画面右侧的头发全部涂满；然后用蓝色马克笔 B327 继续加深裤子和鞋子的暗部；再用深蓝色马克笔 B196 加深裤子的褶皱和鞋子的轮廓线。

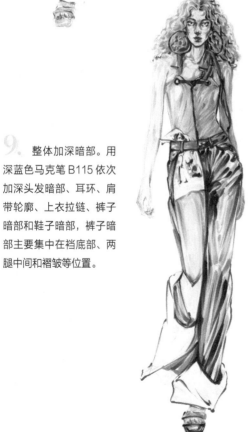

9. 整体加深暗部。用深蓝色马克笔 B115 依次加深头发暗部、耳环、肩带轮廓、上衣拉链、裤子暗部和鞋子暗部，裤子暗部主要集中在裆底部、两腿中间和褶皱等位置。

10. 绘制高光，并添加背景色。先用白色颜料画出眼睛、鼻子、嘴唇和耳环的高光，再画出头发、上衣、裤子和鞋子的高光，皮肤上不用刻意画高光；然后用紫色马克笔 V332 和淡紫色马克笔 V334 主要在服装的右侧添加背景色。

6.3 外套表现技法

外套即穿在最外侧的服装，是服装中的重要单品，也是女装设计中不可缺少的关键单品。

女装外套从款式上主要分为风衣外套、西装外套、牛仔外套、运动外套和夹克等，从厚度上也可分为薄外套、中厚外套、厚外套和加厚外套等。画厚外套和加厚外套时，要特别注意表现服装的厚度。

6.3.1 风衣外套的表现

风衣外套适合春季、秋季、冬季穿，近二三十年都比较流行。虽然风衣外套可能不是当季最流行的服装，但它基本不会过时，每个女孩的衣柜里基本都会有一件基础款的风衣外套。风衣外套按长度可以分为长款风衣外套、中长款风衣外套、中款风衣外套和短款风衣外套。画图前先确认风衣外套的款式和长度。

风衣外套领口细节上色技巧

1 用彩铅笔绘制线稿。	**2** 在线稿的基础上直接填充风衣的颜色。	**3** 加深风衣的暗部，并填充纽扣的颜色。	**4** 用黑色勾线笔勾勒部分轮廓，并添加高光。

R373　R375　E427　E416　RV363　E171　PG40　E415　RV209　E438　E20　BG82　PG42　191　BG104　E417

完整色卡展示

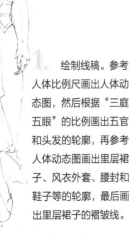

1. 绘制线稿。参考人体比例尺画出人体动态图，然后根据"三庭五眼"的比例画出五官和头发的轮廓，再参考人体动态图画出里层裙子、风衣外套、腰封和鞋子等的轮廓，最后画出里层裙子的褶皱线。

2. 细化线稿。画出风衣外套的结构线、褶皱线和各部分的细节。

3. 开始勾线。先用COPIC 0.05mm棕色勾线笔勾出面部、头发、颈部和手部的轮廓，然后用吴竹黑色软头毛笔或者金万年小楷笔勾出里层裙子、风衣外套、腰封和鞋子的轮廓。

4. 填充皮肤的底色。用
COPIC 浅肤色马克笔 R000
或者法卡勒三代浅肤色马克
笔 R373 均匀填充头部、颈
部和手部的颜色。

5. 加深皮肤的暗部，并填
充头发和部分里层裙子的颜
色。先用浅肤色马克笔 R375
加深皮肤的暗部，五官主要加
深内眼角、外眼角、鼻根、鼻底、
嘴唇等位置；然后用棕色马克
笔 E427 填充头发的颜色；再
用棕色马克笔 E416 填充部分
里层裙子的颜色。

6. 加深皮肤的暗部，并填
充服装和鞋子的颜色。先用
肤色马克笔 RV363 加深皮肤
的暗部；然后用棕色马克笔
E416 绘制里层裙子、风衣外
套和鞋子的颜色，用斜头顺着
风衣外套的轮廓竖向大面积上
色，笔触之间稍留白。

7. 加深头发和服装的暗部，
并填充腰封的颜色。先用棕色马
克笔 E171 加深头发的暗部，然
后用紫灰色马克笔 PG40 的斜
头竖向填充腰封和耳坠的颜色，
再用棕色马克笔 E415 的软头
加深里层裙子、风衣外套和鞋子
的暗部，最后用深肤色马克笔
RV209 加深头部的细节。

8. 用深棕色马克笔E438
加深头发的暗部；然后用棕
色马克笔 E20 加深里层裙
子、风衣外套和鞋子的暗部；
再用蓝绿色马克笔 BG82 填
充眼球的颜色，并绘制里层
裙子上的印花图案；最后用
紫灰色马克笔 PG42 加深腰
封的暗部。

9. 细化五官和服饰的细节。
先用黑色彩铅 499 刻画五官的细
节和脸部的轮廓线，并加深头发
的暗部；然后用黑色马克笔 191
填充耳坠的颜色，并加深腰封暗
部；再用蓝绿色马克笔 BG104
加深里层裙子上的印花图案；最
后用棕色马克笔 E417 加深里层
裙子、风衣外套和鞋子的暗部。

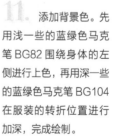

10. 添加高光。先用樱花
0.8mm 高光笔或者白色颜料
画出五官和头发上的高光；
然后画出耳坠、里层裙子、
风衣外套、腰封和鞋子上的
高光。其中，耳坠和鞋子上
的高光点是用来表现面料的
闪光效果的。

11. 添加背景色。先
用浅一些的蓝绿色马克
笔 BG82 围绕身体的左
侧进行上色，再用深一些
的蓝绿色马克笔 BG104
在服装的转折位置进行
加深，完成绘制。

6.3.2 西装外套的表现

西装按照穿着场合可以分为礼服和便服，按照纽扣排列可以分为单排扣西装和双排扣西装，按照版型可以分为欧版西装、英版西装、美版西装和日版西装，按照领型可以分为平领西装、枪领西装和驳领西装。

衬衫领口细节上色技巧

1 用彩铅笔绘制线稿。　　**2** 绘制衬衫的底色。　　**3** 加深衬衫的暗部。　　**4** 添加领口的细节。

| R373 | RV363 | E407 | E408 | RV131 | E168 | YR372 | BG82 | R355 | R210 | YR163 | BV320 | V122 |

完整色卡展示

1. 绘制线稿。先画出人体动态图，然后根据"三庭五眼"的比例画出五官和头发的轮廓，再根据人体动态图画出西装外套、裤子和鞋子的轮廓，最后画出服装的结构线和褶皱线。

2. 勾线并填充皮肤的底色。先用 COPIC 0.05mm 棕色勾线笔勾出头部、头发、颈部和手部的轮廓，然后用吴竹黑色软头毛笔或金万年小楷笔勾出西装外套、裤子和鞋子的轮廓，再用 COPIC 浅肤色马克笔 R000 或法卡勒三代浅肤色马克笔 R373 的软头均匀填充头部、颈部和手部的颜色。

3. 加深皮肤的暗部，并填充头发的颜色。先用肤色马克笔 RV363 加深皮肤的暗部，头部主要加深内眼角、外眼角、鼻底、人中、嘴唇、耳朵和颧骨阴影等，颈部主要加深头部在颈部形成的阴影区域、颈部两侧阴影和锁骨阴影等；然后用浅棕色马克笔 E407 填充头发的颜色，头顶两侧的高光位置直接留白。

4. 加深头发和皮肤的暗部。用棕色马克笔 E408 加深头发的暗部，主要加深头发分缝、鬓角两侧和颈部两侧；然后用紫红色马克笔 RV131 加深皮肤的暗部，主要加深眉毛、内眼角、外眼角、鼻头暗部、嘴唇阴影、耳朵暗部、颧骨阴影、颈部阴影和锁骨阴影等。

5. 继续加深头发的暗部，并填充服装的颜色。先用深棕色马克笔 E168 依次加深头发分缝、鬓角两侧和颈部两侧；然后用黄红色马克笔 YR372 填充西装外套、裤子和鞋子的颜色，用马克笔的斜头顺着服装结构竖向快速上色，画面中可以部分留白也可以全部涂满。

6. 用蓝绿色马克笔 BG82 填充眼球的颜色，然后用大红色马克笔 R355 填充西装外套领口和裤子的部分颜色，再用黄红色马克笔 YR372 的软头加深西装外套、裤子和鞋子的暗部，最后用黑色彩铅 499 加深五官的细节。

7. 加深头发和服装的暗部。先用黑色彩铅 499 加深头发的暗部，然后用印度红彩铅 492 加深眼影、眼袋、鼻头、嘴唇和颧骨的颜色，再用暗红色马克笔 R210 加深服装红色部分的暗部。

8. 用黄红色马克笔YR163 继续加深西装外套、裤子和鞋子的暗部，颜色主要集中在领口、肩线、袖窿、腋下、口袋、两腿中间、鞋面和所有褶皱线的位置。

Roksanda Spring
Ready-to-Wear.
VEGGA.

9. 绘制高光。先用樱花0.8mm 高光笔画出五官和头发的高光，再继续画出西装外套、裤子和鞋子的高光，在暗部和褶皱线的位置主要绘制高光线。

10. 添加背景色。先用蓝紫色马克笔BV320主要在服装的左侧进行上色，然后用紫色马克笔V122 在服装的转折位置进行加深，可以用点和线结合的方式进行上色。

6.3.3 休闲外套的表现

休闲外套是人们在闲暇时从事各种活动所穿的服装，在日常工作中也经常看到。休闲外套穿起来比正装更舒适，更便于活动，给人无拘无束的感觉。其中，休闲外套主要包括夹克衫、运动外套、牛仔外套等。

牛仔外套细节上色技巧

① 用彩铅笔绘制线稿。　② 绘制牛仔外套的颜色，画面中可适当留白。　③ 加深牛仔外套的暗部。　④ 继续加深牛仔外套的暗部。　⑤ 添加高光。

R373	R375	RV363	TG251	E408	E248	E12	TG252	Y388

CG269	TG254	YG222	Y224	TG258	Y17	191	BG86	CG270

完整色卡展示

1. 绘制线稿。参考人体比例尺画出人体动态和五官的轮廓，然后在人体轮廓外绘制帽子、头发、外套、裙子和鞋子的轮廓。

2. 开始勾线。先用COPIC 0.05mm 棕色勾线笔勾出五官、头发、外套、部分裙子、手部、腿部和鞋子的轮廓，然后用慕娜美灰色硬头勾线笔勾出帽子的轮廓，再用吴竹黑色软头毛笔或金万年小楷笔勾出帽子和裙子的轮廓。

3. 填充皮肤的底色。用COPIC 浅肤色马克笔 R000 或法卡勒三代浅肤色马克笔 R373 的软头均匀填充头部、手部和腿部的底色。

4. 加深皮肤的暗部。用 COPIC 浅肤色马克笔 R01 或者法卡勒三代浅肤色马克笔 R375 和肤色马克笔 RV363 加深皮肤的暗部，头部主要加深内眼角、外眼角、鼻底、嘴唇和头发在面部形成的阴影区域。

5. 填充帽子和头发的颜色，并细化五官。先用炭灰色马克笔 TG251 填充帽子的颜色，再用棕色马克笔 E408 填充头发的颜色，然后用黑色彩铅 499 绘制五官的细节，并用印度红彩铅 492 加深五官的暗部，最后用玫瑰红彩铅 427 加深嘴唇的颜色。

6. 加深头发和帽子的暗部，并填充外套的颜色。先用棕色马克笔 E248 和 E12 加深头发的暗部，然后用炭灰色马克笔 TG252 加深帽子的暗部，再用黄色马克笔 Y388 的斜头顺着服装结构竖向填充外套的颜色。

7. 填充裙子和鞋子的颜色。先用冷灰色马克笔 CG269 填充鞋子的颜色，然后用炭灰色马克笔 TG254 绘制裙子和鞋子内侧的颜色，并加深帽子的暗部。

8. 用黄绿色马克笔 YG222 和黄色马克笔 Y224 再次填充外套的颜色，然后用炭灰色马克笔 TG258 加深帽子和裙子的暗部，再用冷灰色马克笔 CG270 加深鞋子的暗部。

9. 加深服饰的暗部。先用黄色马克笔 Y17 加深外套的暗部，主要集中在领口、肩线、袖窿、腋下和袖口等位置；然后用黑色马克笔 191 加深帽子、裙子和鞋子的暗部。

10. 绘制高光。先用樱花 0.8mm 高光笔画出五官和头发的高光，然后画出帽子、外套、裙子和鞋子的高光。帽子是 PVC 材质的，可以多画一些高光线。

11. 添加背景色。先用蓝绿色马克笔 BG86 在画面的左侧添加颜色，然后用黄色马克笔 Y224 在画面的右侧、帽子和鞋子上添加颜色，完成绘制。

Maison Margiela
Fall Ready-to-Wear.
VEGGA.

6.3.4 秋季中厚外套的表现

秋装即秋季穿着的服装，因为南方和北方的天气差别很大，所以秋装并没有严格的定义，根据实际情况选择即可。常见的秋季外套有牛仔外套、风衣外套、皮革外套、针织外套，厚度在夏季薄外套和冬季厚外套之间。

差色领子细节上色技巧

1 用彩铅笔绘制外套领口和纽扣的轮廓。　2 填充外套领口和外套的颜色。　3 加深外套领口和外套的暗部，并填充纽扣的颜色。　4 添加高光。

R373　R375　RV363　E415　B290　E416　B291　E20　B292　B114　CG268　CG272　BG62

完整色卡展示

1. 绘制线稿。先参考人体比例尺画出人体动态图，然后参考"三庭五眼"的比例画出五官的轮廓，再参考人体动态图画出帽子、外套和鞋子的轮廓。

2. 开始勾线。先用 COPIC 0.05mm 棕色勾线笔勾出头部、手部和腿部的轮廓，然后用慕娜美灰色硬头勾线笔勾出 PVC 帽子的轮廓，再用吴竹黑色软头毛笔或金万年小楷笔勾出里层帽子、外套和鞋子的轮廓。勾线时注意控制勾线笔的笔触变化。

3. 填充皮肤的底色。用 COPIC 浅肤色马克笔 R000 或法卡勒三代浅肤色马克笔 R373 的软头均匀填充头部、手部和腿部的底色。

4. 加深皮肤的暗部。用 COPIC 浅肤色马克笔 R01 或者法卡勒三代浅肤色马克笔 R375 和肤色马克笔 RV363 加深皮肤的暗部，头部主要加深内眼角、外眼角、鼻底、人中和帽子边缘在面部形成的阴影等。

5. 细化五官并填充外套和鞋子的颜色。先用黑色彩铅 499 刻画五官的细节，然后用印度红彩铅 492 加深五官的暗部，再用孔雀蓝彩铅 463 填充眼球的颜色，并用翠绿色彩铅 466 填充嘴唇的颜色，最后用棕色马克笔 E415 填充里层外套和鞋子的部分颜色。

6. 填充帽子和外套的颜色，并加深外套的暗部。先用淡蓝色马克笔 B290 填充里层帽子和表层外套的颜色，再用棕色马克笔 E416 加深里层外套和鞋子的暗部。

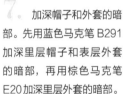

7. 加深帽子和外套的暗部。先用蓝色马克笔 B291 加深里层帽子和表层外套的暗部，再用棕色马克笔 E20 加深里层外套的暗部。

8. 加深帽子、服装的暗部。
用深蓝色马克笔 B292 加深里
层帽子和表层外套的暗部，颜
色主要集中在不透明的面料区
域，透明面料区域要保证能够
透出里层面料的颜色。

9. 继续加深服装的暗部，并填充 PVC
帽子和鞋子的颜色。用深蓝色马克笔
B114 加深里层帽子和表层外套的暗部，
用冷灰色马克笔 CG268 填充 PVC 帽子
和鞋子的颜色，用松绿色彩铅 465 加深嘴
唇的暗部，最后用冷灰色马克笔 CG272
加深里层外套底摆和鞋子的暗部。

10. 绘制高光。先用冷灰色马克笔 CG272 加深 PVC 帽子的暗部，然后用樱花 0.8mm 高光笔画出眼睛、鼻子、嘴唇、帽子、外套和鞋子等的高光。

Maison Margiela
Fall Ready-to-Wear
VEGGA.

11. 添加背景色。用蓝绿色马克笔 BG62 紧贴服装和人体的左侧进行上色，服装和人体的右侧可以辅助性地添加少量颜色，完成绘制。

6.4 内衣表现技法

内衣是女性贴身穿着的服装，主要包括文胸、抹胸、吊带背心等。常见的内衣面料有蕾丝、真丝等。内衣按照外观可分为休闲内衣、性感内衣和运动内衣等。其中，文胸按照功能可分为聚拢型文胸、美背型文胸、舒适型文胸、前扣式文胸、无钢托文胸，按照罩杯可分为三角杯、1/2罩杯文胸、3/4 罩杯文胸、5/8 罩杯文胸、4/4 全罩杯文胸和背心式文胸。

6.4.1 休闲内衣的表现

休闲内衣以舒适为主要特点，无钢托，穿着无束缚。

无托三角文胸上色技巧

1 用彩铅笔绘制文胸杯面、肩带和底围的轮廓。

2 用浅色马克笔填充杯面颜色，用深色马克笔填充肩带和底围的颜色。

3 加深文胸的暗部，并添加杯面蕾丝的纹路。

4 加深文胸的暗部和杯面蕾丝的纹路。

5 用白色颜料添加文胸的高光和蕾丝纹路的细节。

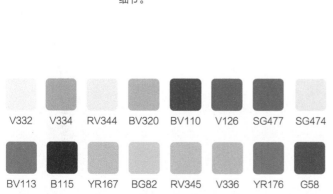

V332	V334	RV344	BV320	BV110	V126	SG477	SG474
BV113	B115	YR167	BG82	RV345	V336	YR176	G58

完整色卡展示

1. 用紫色铅笔绘制线稿。先参考人体比例尺画出人体动态图，然后对应"三庭五眼"的比例画出五官和头发的轮廓，再参考人体动态图画出帽子、双肩背带、外套、运动内衣、腰部饰品、内裤、袜子和鞋子的轮廓。

2. 填充皮肤的颜色。先用紫色马克笔 V332 填充头部、腰部和腿部的颜色，然后用紫色马克笔 V334 加深皮肤的暗部。头部主要加深眉毛、内眼角、外眼角、左耳、鼻头、嘴唇和嘴唇阴影等，腰部主要加深胸部底边缘、腰部左侧等，腿部主要加深承重腿膝盖和辅助腿等。

3. 填充头发和服装的颜色，并加深皮肤的暗部。将光源设定在画面的左侧，先用紫红色马克笔 RV344 在皮肤的底色和暗部颜色之间绘制过渡色；然后用浅蓝紫色马克笔 BV320 填充头发、帽子、颈部、外套和内裤左侧的颜色，以及承重腿袜子的颜色；再用深蓝紫色马克笔 BV110 绘制帽子右侧、颈部右侧、外套和内裤右侧，以及辅助腿袜子的颜色。

4. 填充运动内衣的颜色和服装的中间色。先用深紫色马克笔 V126 加深五官轮廓、脸部轮廓、嘴唇、腰部暗部、辅助腿的大腿根部和膝盖暗部等位置，然后用深银灰色马克笔 SG477 加深头发的暗部，再用浅银灰色马克笔 SG474 填充运动内衣的颜色，最后用蓝紫色马克笔 BV113 在帽子、外套和内裤的中间绘制过渡色。

5. 加深运动内衣的暗部，并填充鞋子的颜色。先用深银灰色马克笔 SG477 加深运动内衣的暗部，并填充辅助腿鞋子的颜色，然后用浅银灰色马克笔 SG474 填充承重腿鞋子的颜色，再用深蓝紫色马克笔 BV110 填充画面右侧袖子的颜色，最后用深蓝色马克笔 B115 依次加深帽子、外套和内裤的暗部，以及辅助腿袜子等的暗部。

6. 用黄红色马克笔 YR167 加深头部右侧五官、腰部右侧和辅助腿的暗部；然后用蓝绿色马克笔 BG82 填充眼球的颜色；再用紫红色马克笔 RV345 和紫色马克笔 V336 继续填充皮肤的颜色，颜色主要集中在头部右侧、腰部右侧和辅助腿等位置；最后用深蓝色马克笔 B115 加深上眼线、瞳孔、下眼线、嘴唇和腰部饰品等的颜色。

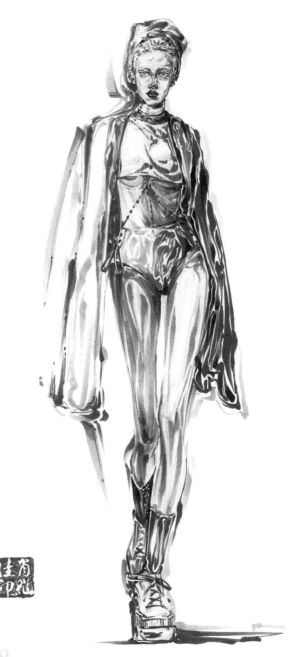

7. 用黄红色马克笔 YR176 加深头部右侧、腰部右侧和辅助腿的暗部，然后用蓝紫色马克笔 BV110 加深承重腿袜子和鞋子的颜色。

8. 添加高光和背景色。先用白色颜料画出五官和头发的高光，然后画出帽子、外套、内裤、袜子和鞋子的高光，以及运动内衣表层的竖向纹路；再用紫色马克笔 V334、绿色马克笔 G58 和蓝紫色马克笔 BV110 在外套左侧和鞋子右侧等位置添加背景色。

6.4.2 普通内衣的表现

内衣面料以蕾丝为主。画蕾丝文胸时，需先填充皮肤底色，再填充文胸的颜色，最后画出文胸表层蕾丝的花纹图案。画法可以参考 4.7 节的蕾丝面料表现技法。

豹纹蕾丝文胸上色技巧

1 用彩铅笔绘制文胸的轮廓和结构线。

2 填充文胸杯面、下扒和肩带的颜色。

3 加深文胸的暗部。

4 继续加深文胸的暗部，然后绘制杯面蕾丝的纹路和下扒的豹纹图案。

5 用白色颜料绘制文胸的高光和杯面蕾丝的纹路等。

| RV363 | RV131 | RV209 | RV151 | BV192 | B237 | B327 | BV195 | RV152 | B196 | B115 | FR284 | FB285 | BV109 |

完整色卡展示

1. 绘制线稿。先用铅笔在纸上画出正确的人体动态图，然后根据"三庭五眼"的比例画出五官和头发的轮廓，再画出紧身裤的轮廓。

2. 细化线稿。首先确认胸部的位置，然后画出蕾丝文胸的轮廓，再画出紧身裤裤裆底部的褶皱线和腰带的轮廓线，最后画出鞋子的轮廓，完善其他细节。

3. 开始勾线。先用 COPIC 0.05mm 棕色勾线笔勾出头部、颈部、锁骨、肩膀、手臂、手部、腰部、腿部和脚部的轮廓，然后用慕娜美紫色硬头勾线笔勾出蕾丝文胸的轮廓，再用慕娜美黑色硬头勾线笔勾出腰带、紧身裤和鞋子的轮廓。

4. 填充皮肤的颜色。用肤色马克笔 RV363 分别填充头部、颈部、胸部、腰部和四肢的颜色，然后用 RV363 的软头加深五官的暗部，主要加深内眼角、外眼角、鼻头、鼻底、嘴唇和耳朵等位置。

5. 用紫红色马克笔 RV131 填充头发的颜色，右上角的高光位置直接留白；然后用肤色马克笔 RV363 加深头部、躯干和四肢的暗部，躯干主要加深颈部、锁骨、胸部和腋下等位置，四肢主要加深手肘、膝盖和辅助腿的小腿等位置。

6. 加深皮肤的暗部。先用深肤色马克笔 RV209 加深头部的暗部，主要加深眉毛、外眼角、内眼角、鼻根、鼻底、上唇、嘴唇阴影、颧骨、额头两侧和耳朵等部位；再加深躯干和四肢的暗部，四肢主要加深膝盖和辅助腿的小腿等。

7. 填充蕾丝文胸的颜色，并加深头发的暗部。先用深紫红色马克笔 RV151 加深头发的暗部；然后用肤色马克笔 RV363 在皮肤的底色和暗部色之间绘制过渡色，使皮肤的颜色看起来更自然；再用蓝紫色马克笔 BV192 填充蕾丝文胸的颜色；最后用蓝色马克笔 B237 填充紧身裤裤腿两侧边缘的颜色。

8. 填充紧身裤和鞋子的颜色，并细化五官。先用蓝色马克笔 B327 绘制腰带、紧身裤和鞋子的颜色；然后用深蓝紫色马克笔 BV195 加深蕾丝文胸肩带和杯面的暗部，以及文胸表层蕾丝的纹路；再用深紫红色马克笔 RV152 继续加深头发的暗部；最后用黑色彩铅 499 刻画五官的细节。

9. 填充蕾丝文胸的颜色，并加深紧身裤和鞋子的暗部。先用荧光粉马克笔 FR284 和荧光蓝马克笔 FB285 在文胸杯面和下扒的位置填充颜色，然后用蓝色马克笔 B327 的软头加深紧身裤和鞋子的暗部。

10. 继续加深服装的暗部。先用深蓝色马克笔 B196 和 B115 加深紧身裤和鞋子的暗部，然后用慕娜美荧光粉硬头勾线笔绘制出蕾丝文胸表层蕾丝的纹路。

11. 绘制高光和颈部饰品。先用白色颜料画出眼睛、鼻子、嘴唇和头发的高光；然后画出蕾丝文胸、腰带、紧身裤和鞋子的高光。因为紧身裤是闪光面料，所以两侧高光用高光点来表现。再用白色颜料绘制颈部饰品，白色颜料的覆盖性强，效果比高光笔更好。指甲位置也可以用深蓝色马克笔 B196 进行点缀。

12. 添加背景色。先用蓝紫色马克笔 BV109 主要在画面的左侧绘制背景色，再用深蓝紫色马克笔 BV195 在身体的转折位置进行加深。

Lahuan Smith Spring
Ready - to - Wear.
VEGGA:

6.4.3 运动内衣的表现

运动内衣可在健身房或者室外运动时外穿。运动内衣基本都是全罩杯无托设计，穿着舒适，穿脱方便，包容性和稳定性强，防震动，可以在运动时很好地保护胸部。运动内衣多为高弹全棉质，宜排汗、保暖。

运动内衣上色技巧

1 用彩铅笔绘制线稿。

2 可以在线稿的基础上直接上色，也可以先勾线、后上色。

3 加深运动内衣的暗部。

4 用白色颜料绘制高光和绗缝线迹，标出字母。

RV373　V335　RV346　RV344　E407　BG82　CG269　YR167　R140　B115　E431　V116　R355　BG107

Y5　B241　SG475　E428　R145　B242　CG270　191　CG272

完整色卡展示

1. 用紫色铅笔绘制线稿。先参考人体比例尺画出人体动态图，然后画出五官和头发的轮廓，再参考人体动态图画出耳坠、运动内衣、裙子和鞋子的轮廓，完善细节。

2. 填充皮肤的底色。在线稿的基础上直接用浅肤色马克笔R373均匀填充皮肤的底色。紫色铅笔容易晕染，上色时需多加注意。

3. 加深皮肤的暗部。用紫色马克笔V335加深头部、颈部、胸部、腰部、手臂、手部、小腿和脚部等的暗部。

4. 填充皮肤的颜色。先用紫红色马克笔 RV346 加深皮肤的暗部，然后用浅一些的紫红色马克笔 RV344 在皮肤的表层和暗部颜色中间绘制过渡色，亮部区域不用刻意加深。

5. 填充头发和部分裙子的颜色，并继续加深皮肤的暗部。先用浅棕色马克笔 E407 填充头发和部分运动内衣的颜色，然后用蓝绿色马克笔 BG82 填充眼球的颜色，再用冷灰色马克笔 CG269 填充部分裙子的颜色，最后用黄红色马克笔 YR167 加深皮肤的暗部。

6. 填充运动内衣和裙子的颜色，并加深五官和头发的轮廓。先用红色马克笔 R140 填充运动内衣宽肩带、部分裙子和鞋子的颜色，然后用深蓝色马克笔 B115 填充运动内衣细肩带的颜色，再用棕色马克笔 E431 加深头发的暗部，并用深紫色马克笔 V116 加深皮肤的暗部，最后用深蓝色马克笔 B115 加深五官和头发轮廓的颜色。

7. 填充运动内衣和裙子的颜色。先用红色马克笔 R355 填充裙子剩余部分的颜色，然后用蓝绿色马克笔 BG107 填充运动内衣杯面上片的颜色，再用黄色马克笔 Y5 填充运动内衣杯面下片的颜色，并用蓝色马克笔 B241 填充运动内衣下片的颜色，最后用银灰色马克笔 SG475 绘制运动内衣上片透明面料的颜色。

8. 加深头发和服装的暗部。先用棕色马克笔 E428 加深头发的暗部和鞋子的底部，然后用红色马克笔 R145 加深运动内衣宽肩带、裙子腰部、裙摆和鞋子的暗部，再用蓝绿色马克笔 BG107 加深运动内衣杯面上片的暗部，用棕色马克笔 E428 加深运动内衣杯面下片的暗部，并用蓝色马克笔 B242 加深运动内衣下扒的暗部，最后用冷灰色马克笔 CG270 加深腰部下方部分裙子的暗部。

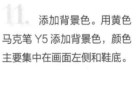

9. 用黑色马克笔 191 加深裙子的轮廓线和褶皱线；然后用冷灰色马克笔 CG272 刻画裙子的细节，注意下笔力度并控制好每个点之间的距离。

10. 绘制高光。先用白色颜料画出五官和头发的高光，再画出运动内衣、裙子和鞋子的高光，以及运动内衣内侧的绗缝线迹。

11. 添加背景色。用黄色马克笔 Y5 添加背景色，颜色主要集中在画面左侧和鞋底。